似ている動物「見分け方」事典

監修 北澤 功
執筆 木村悦子

はじめに

　小学校の帰り道。小さい神社の石積みから、隠しておいた枝を手に取り、境内にある樹齢 200 年超の樫の大木に向かいます。

　この木は僕の宝箱。樹皮がめくれて樹液が滲み出る場所には、黒光りのクワガタ・赤茶のカブトムシ・光沢のカナブン、ときにはしましま模様のスズメバチが集まっていました。枝で目当ての宝物を捕まえ、お菓子の空箱に。

　次は、地表に出た太い根の隙間にたまった枯れ葉をどかし、かたい鎧をまとったダンゴムシ探し。見つけるとすかさず枝でツンツン。丸まったダンゴムシはお菓子箱へ、丸まらないダンゴムシはその場で放します。

　その後、社殿の前の大きな石の上で捕まえた宝物の選別。小学生の僕にとって至福の時間です。僕の趣味に理解のない母の顔を思い浮かべ、はじめて捕獲したものとお気に入りは持ち帰りますが、そのほかはその場で逃がします。帰宅するとすぐに知らない虫は図鑑で調べました。

　この頃の僕はダンゴムシが一番のお気に入り。大きな菓子箱に迷路を作り、ダンゴムシを入れて遊んでいました。

　中学生になってサンショウウオを飼うことにしました。えさはワラジムシがいいと飼育本に書いてありましたが、このときまで僕はワラジムシの存在を知りませんでした。丸まらないダンゴムシは子どもで、大人になるとかたくなって丸まるものと思っていたのです。自分は生き物博士だと思いこんでいたので、ショックでした。

　世の中にはよく似た生き物がたくさんいます。この本では「知ってはいるが違いのわからない似た者同士」を集めてみました。「え？　この子たち違う生き物だったの？」と驚いてください。両者を比較して、どうしてこんな形になったのか想像して楽しんでもらえれば嬉しく思います。

北澤　功

CONTENTS

- 3 はじめに
- 6 本書の使い方

第1章 陸の生き物

- 10 ヤギとヒツジ
  （この動物も似ている：ムフロン）
- 16 ハムスターとモルモット
  （この動物も似ている：デグー）
- 20 ムササビとモモンガ
  （この動物も似ている：フクロモモンガ）
- 24 ヤマアラシとハリネズミ
  （この動物も似ている：テンレック、ハリモグラ）
- 30 チンパンジーとオランウータン
  （この動物も似ている：ゴリラ）
- 34 ピューマ・チーター・ヒョウ・ジャガー
- 38 タヌキとアライグマ
  （この動物も似ている：レッサーパンダ）
- 44 テンとイタチ
  （この動物も似ている：オコジョ）
- 48 アルマジロとセンザンコウ
  （この動物も似ている：アリクイ）
- 52 イモリとヤモリ
  （この動物も似ている：トカゲ）
- 56 ダチョウとエミュー
  （この動物も似ている：ヒクイドリ）
- 60 インコとオウム
  （コラム「でもやっぱりまぎらわしい、インコとオウム」）

第2章　海や水辺の生き物

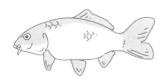

- 68　**スナメリとシロイルカ**
  （この動物も似ている：イッカク）
- 72　**イルカとサメ**
  （この動物も似ている：クジラ）
- 76　**ジュゴンとマナティー**
  （この動物も似ている：ゾウ）
- 80　**アシカとアザラシ**
  （この動物も似ている：オットセイ）
- 84　**カメとスッポン**
  （この動物も似ている：スッポンモドキ）
- 88　**ヒラメとカレイ**
  （この動物も似ている：ウシノシタ）
- 92　**キンメダイとキチジ**
  （この動物も似ている：アカムツ）
- 98　**ウナギとアナゴ**
  （この動物も似ている：ドジョウ）
- 104　**コイとフナ**
  （この動物も似ている：キンギョ、ニシキゴイ）
- 108　**ドジョウとナマズ**
  （この動物も似ている：ウナギ）

第3章　虫

- 116　**カブトムシとクワガタムシ**
  （コラム「オスとメスの見分け方は？」）
- 122　**アブとハチ**
  （この動物も似ている：ブユ）
- 128　**バッタとコオロギ**
  （この動物も似ている：キリギリス）
- 132　**ダンゴムシとワラジムシ**
  （この動物も似ている：フナムシ）
- 136　**ムカデとゲジ**
  （この動物も似ている：ヤスデ）

- 141　参考文献
- 143　おわりに

● 本書の使い方

本書は、よく似た動物を、主に見た目で見分けるポイントを紹介する本です。動物園や水族館などに出かけたときに、試してみてください。違いの見つけ方が見えてくるはずです。掲載した情報は、北澤功先生が実際に体験したことをベースに、さまざまな動物の情報をまとめています。野性か飼育か、オスかメ

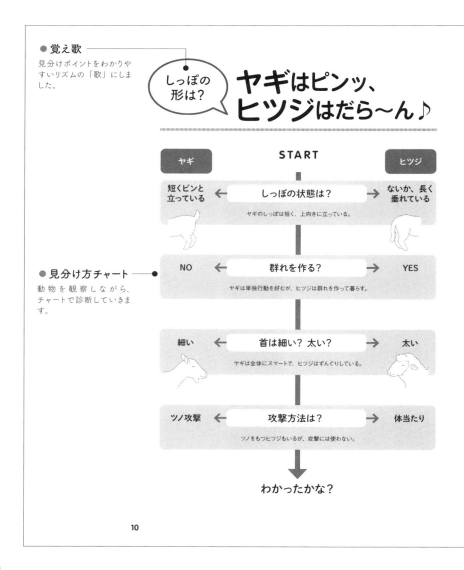

スか、若いか高齢か……などにより、体の特徴やしぐさが変わってくることもあります。本書の通りに見分けられないこともありますが、どうか「それもその子の個性」として見てあげてください。

● **基本データ**

その動物のプロフィールをまとめました。

ヤギ
分類：鯨偶蹄目ウシ科
生息地：家畜として世界中に生息

日本でポピュラーなのは、日本の在来種とスイス原産種の交配で誕生した日本ザーネン。ヤギの仲間は、オスだけでなくメスにもツノがある種がある。

ヒツジ
分類：鯨偶蹄目ウシ科
生息地：家畜として世界中に生息

ツノがある場合、オスのものは長く、カールし、メスのものは短くてまっすぐなことが多い。

01　群れが大好きなヒツジ、単独行動のヤギ

ヒツジは単独行動はせず、群れで行動する動物です。1頭でいるのは不安なようで、仲間同士で互いに寄り添い、体が触れ合うほどの距離にいるのを好みます。ヒツジは外敵から身を守ったり攻撃したりする能力が低いので、いつも群れでいることが身を守ることにつながるのです。

ヒツジの群れを観察すると、1頭が移動するとほかのヒツジも連れだってみんな同じ方向に移動するのがわかります。なかなかの寂しがりのようで、1頭になると不安から相当なストレスを感じて、ときには死んでしまうこともあるといわれます。

海外の広大な牧場では、この気質を利用して、牧羊犬を使ってヒツジの群れをコントロールしています。

一方のヤギは活発な性格をしており、高い岩や木の上にも簡単に登ることができるなど、ヒツジよりもアクティブです。また、群れではなく単独行動を好む性質もあります。

意外と知られていませんが、日本では牛乳が一般的になるまで、ヤギの

● **解説**

これを読めば、動物の違いや不思議な習性などがわかります。文末に、さらに見分けづらい動物の話や、知っておくと役立つ「コラム」も収録しました。

ヤギとヒツジ　　11

第1章

陸の生き物

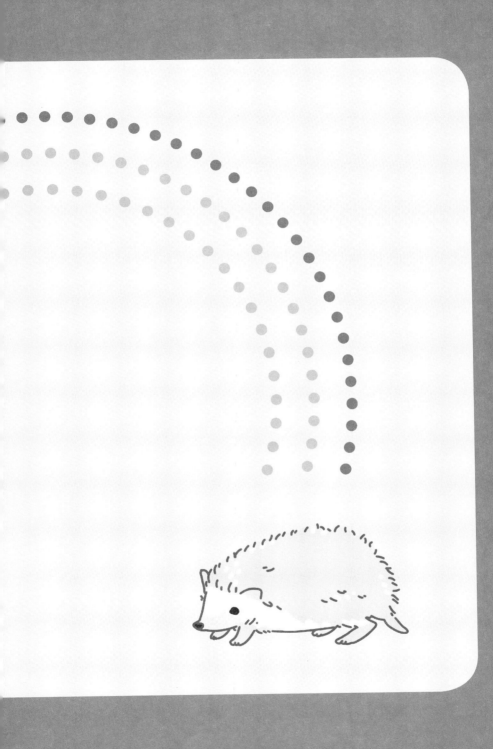

ヤギはピンッ、ヒツジはだら〜ん♪

しっぽの形は？

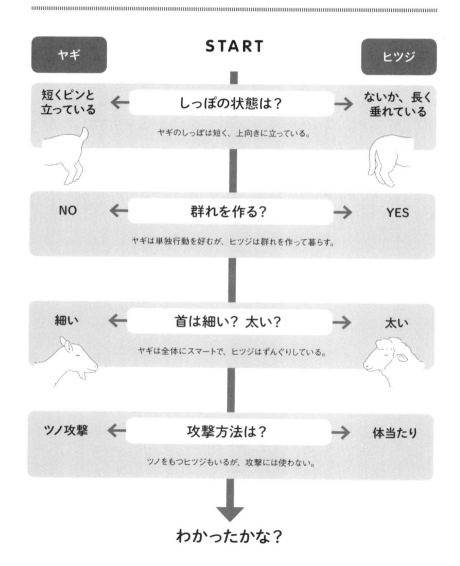

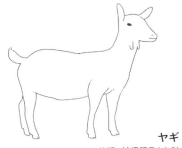

ヤギ
分類：鯨偶蹄目ウシ科
生息地：家畜として世界中に生息

日本でポピュラーなのは、日本の在来種とスイス原産種の交配で誕生した日本ザーネン。ヤギの仲間は、オスだけでなくメスにもツノがある種がある。

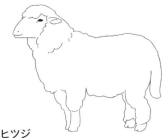

ヒツジ
分類：鯨偶蹄目ウシ科
生息地：家畜として世界中に生息

ツノがある場合、オスのものは長く、カールし、メスのものは短くてまっすぐなことが多い。

01 群れが大好きなヒツジ、単独行動のヤギ

　ヒツジは単独行動はせず、群れで行動する動物です。1頭でいるのは不安なようで、仲間同士で互いに寄り添い、体が触れ合うほどの距離にいるのを好みます。ヒツジは外敵から身を守ったり攻撃したりする能力が低いので、いつも群れでいることが身を守ることにつながるのです。

　ヒツジの群れを観察すると、1頭が移動するとほかのヒツジも連れだってみんな同じ方向に移動するのがわかります。なかなかの寂しがりのようで、1頭になると不安から相当なストレスを感じて、ときには死んでしまうこともあるといわれます。

　海外の広大な牧場では、この気質を利用して、牧羊犬を使ってヒツジの群れをコントロールしています。

　一方のヤギは活発な性格をしており、高い岩や木の上にも簡単に登ることができるなど、ヒツジよりもアクティブです。また、群れではなく単独行動を好む性質もあります。

　意外と知られていませんが、日本では牛乳が一般的になるまで、ヤギの

ヤギとヒツジ　11

乳を赤ちゃんに飲ませていた時代があります。それを懐かしく思う世代が引退後に田舎暮らしをはじめ、ペットとしてヤギを飼うといった、ちょっとしたブームが起こっているそうです。雑草を駆除してくれ、フンや尿はよい肥料となるため、家庭菜園や農業にもひと役買ってくれます。さらにミルクを出してくれて、愛情をかければよくなつくなど、伴侶動物としても人気があります。

02 毛が伸びるのはヒツジだけ

ヒツジは人間と生活をする中で「羊毛」を集めるために改良されたので、被毛は抜け落ちることなく長く伸び続けるようになりました。つまり、定期的に毛を刈らなければ、何年も伸び続けることになります。ときどき、牧場から脱走したヒツジが数年ぶりに発見されたというニュースがあります。脱走ヒツジの被毛は長く伸びて毛むくじゃらで、まるで別の生き物のようになっています。とはいえそれは海外の話で、日本のような高温多湿の気候では、長く伸びた被毛を放置すると体調を崩し、死んでしまうこともあります。

一方のヤギはかたく短い被毛が特徴で、一定のサイクルで自然に抜け落ち、生え変わります。体の一部にやわらかい毛が生える種類もいて、この毛の部分は高級素材として扱われることもあります。アンゴラ種やカシミヤ種はとくによく知られています。

03 ヤギはしっぽで感情表現

次にしっぽを比べてみましょう。ヤギには短いしっぽがあり、ごはんをもらうときやうれしいとき、興奮したときなどには、まるで犬のようにしっぽを振って感情を表します。また逆に、警戒や危険を察知したときにはピンと立て、緊張感を表します。

一方のヒツジですが、しっぽはあると思いますか？　正解は「YES」。本来は意外と長いしっぽが生えるのですが、生まれて間もないタイミングで断尾することがほとんどです。そのワケは、ヒツジのしっぽには、特別な機能がないためです。また、しっぽが垂れていると、排泄をするたびに汚れて不衛生になってしまうのです。しっぽを切らない場合でも、フワフワの被毛に隠れて存在感はほとんどありません。

04　ずんぐりヒツジと、スマートなヤギ

　ヤギの首は細く長いのが特徴です。一方のヒツジは太く短い首をしています。ヒツジはモコモコとした被毛が与えるイメージもあり、全体的に丸っこいプロポーションです。

　ヤギが長い首をしているのは、相手を攻撃するときに役立ちます。長い首を動かしてツノで相手を攻撃しますが、興奮が高まると、後ろ脚で立ち上がって威嚇します。これは、相手より自分の体を大きく見せ、優位になるためです。

　一方のヒツジは首が短く、ツノは大きさで順位を決めるだけのもので、戦いには使いません。体の構造上、後ろ脚で立ち上がるのは難しく、素早く逃げることもできないので、頭突きが通用しない相手には、捨て身の体当たりで攻撃することも。

　このように、ヤギとヒツジにはその戦い方にも大きな違いがあるのです。

05　ヤギは乳、ヒツジは肉を食べる

　ヤギといえばミルク。ヤギの乳が母乳の代わりに使われていたことは前述の通りですが、これは人間の母乳に成分が近く栄養価も高いためです。また、アレルギー症状を起こしにくいため健康食品としても注目されています。ただ、牛乳と違って独特の風味があります。

ヤギとヒツジ　13

一方のヒツジは、乳ではなく肉のおいしさで注目されています。日本ではジンギスカンブームがありましたが、最近は本格的なラム肉ブームを迎えています。冷凍・チルド・流通の技術発展にともないラム肉特有のクセがマイルドになり、そのうえ脂肪分が少なくヘルシーということで、愛好者が急増中です。

この動物も似ている……ムフロン

　ムフロンは野生のヒツジの一種です。家畜としてのヒツジは、このムフロンを改良して生まれたといわれています。

　そのため、体つきはヒツジによく似ていますが、被毛は全体的に赤茶っぽい色をしているので、ヒツジとの見分けは簡単です。また、鼻先や四肢、尻、腹部分には白い被毛があります。オスに立派なツノが生えるのはヒツジと同じです。

　ムフロンはとても臆病な性格をしています。群れを作って岩場で生活をします。そして、見張り役を立てて、危険を察知すると群れごといっせいに逃げ出すという習性があります。

ちょっと一息 **動物川柳 ①**

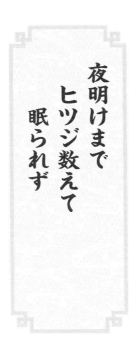

夜明けまで
ヒツジ数えて
眠られず

ヒツジを英語で sheep。睡眠は sleep。綴りが似ていることから「ヒツジを数えると眠れる」というジンクスが生まれたとか。

N-sky / Shutterstock.com

ヤギとヒツジ　**15**

ほお袋はふくらむ？

ほっぺがふくらむハムスター、ふくらまないのはモルモット♪

START

ハムスター		モルモット
NO ←	水をよく飲む？ →	YES

ハムスターは水をあまり飲まなくても生きられる便利な体。

| YES ← | えさをほお袋にためる？ → | NO |

ハムスターにはほお袋があるが、モルモットにはない。

| YES ← | 夜行性？ → | NO |

ハムスターは完全夜行性だが、モルモットは半夜行性。

| NO ← | 寂しがり？ → | YES |

モルモットは群で生活し、おしゃべりな寂しん坊

| たくさん ← | 乳頭はいくつ？ → | 2つ |

子だくさんなハムスターは乳頭が12〜16個もある。

わかったかな？

16

ハムスター
科目：げっ歯目キヌゲネズミ科
生息地：ヨーロッパからアジアにかけての乾燥地帯
体長：7〜20cm

分類上はネズミなどの仲間となり、ハムスターの仲間はゴールデンハムスターやジャンガリアンハムスターなど、24種いる。

モルモット
科目：げっ歯目テンジクネズミ科
生息地：南アメリカ
体長：20〜40cm

ハムスターと同じげっ歯目だが、しっぽがなく体が短い。テンジクネズミ科に属する。

01　大きさを比べれば一発

　ハムスターには、世界最小のロボロフスキーハムスター（体長7〜10cm）から、ペットとして飼われている種類では最大級のゴールデンハムスター（最大クラスで20cm弱ぐらい）まで、さまざまな種類がありますが、モルモットのほうが体が大きいので、見分けは簡単。とはいえ、ハムスターとモルモットを一緒に見ることはほとんどないので、外観や行動の特徴から見分ける方法をいくつかお教えしましょう。

02　モルモットは水をたくさん飲む

　ハムスターとモルモットは、見かけはよく似ていますが、違うところは多くあります。まず、水を飲む量。ハムスターは雨が少ない乾燥地帯で暮らしていたため、体のメカニズム的に水をあまり飲まなくても生きていけるようになっています。ペットとして飼っている人はケージに給水器を設置するでしょうが、あまり水を飲みません。対してモルモットは、水をたくさん飲まなければ生命を維持できません。水を飲んでいるところを観察すると、給水器の水がどんどん減っていくのがわかるほどです。

03 ハムスターは草食寄りの雑食性

ハムスターの主食は木の実、穀物、野菜、果物など。でも、完全草食性というわけではなく、ときには昆虫なども食べることがあります。ペットとして飼っている場合は、煮干しやゆでた鶏肉など、肉や魚も意外と好んで食べます（人間用に味つけをしたものではなく、ペット用のものをあげてください）。その点、モルモットは完全草食動物なので、食の好みも意外と違うのです。

また、えさを食べるときの習性もまったく異なります。よく知られているのは、ハムスターが口に入れたものをたくわえる"ほお袋"。ハムスターはもともと地面に穴を掘って巣を作り、そこで生活しています。自然界ではいつもえさにありつけるわけではないので、えさを見つけたらよく伸びるほお袋に収納して、それを巣穴まで運んで吐き出し、貯蔵する習性があります。一方、モルモットはハムスターとよく似た顔つきですが、ほお袋がなく、食べ物を収納することはできません。

04 こんなに違うフン

ハムスターは地面に掘ったトンネルや巣で暮らし、巣を清潔に保つため、巣以外の決まった場所をトイレとして使う傾向があります。そのため、ペットのハムスターはトイレトレーニングをしなくても、いつも決まった場所でトイレをさせることができます。反対に、モルモットはトイレを覚えることはありません。

また、ハムスターのフンは黒っぽい楕円形でかためですが、モルモットはオスはバナナ型、メスは俵型をしていることがほとんどです。ちなみに、モルモットのオスとメスとでフンの形が違うのは、オスは睾丸やペニスが消化管に影響するためではないかという説があります。そのためか、去勢したモルモットのフンはカーブが少なくバナナ型にならないことが多いようです。

ハムスターとモルモットのフンの話で共通するのは、食糞の習慣。ハムスターやモルモットは、盲腸便と呼ばれる、やや水っぽいフンをすることがあり、これを食

べてしまうのです。この盲腸便の中には、細菌の働きにより作られた、ビタミンB
やたんぱく質などがたっぷり含まれているため、普段の食事から得にくい栄養素を
取り入れているというわけです。

05 細マッチョなハムスター、中年太りのモルモット

　野生のハムスターはえさを求めて、ひと晩に20km近くも走るといわ
れていますが、夜行性なのでペットのハムスターは人間が寝静まった真夜
中に回し車をグルグル回します。その代わり昼間はほとんど寝て過ごすた
め、「うちの子はぐうたらで、回し車なんて使っているはずがない」と思
い込んでいる飼い主さんも少なくなさそうです。ハムスターは人間に換算
すれば"毎日フルマラソン以上の運動"をしているようなものですが、モ
ルモットは1日中ほとんど動きません。そのため、どうしても太り気味で、
ヒョウタンのような体型になりやすいのです。まるで中年太り……。

> ## この動物も似ている……デグー
>
> 　ネズミのように見えるのにネズミじゃない。そして、知能が高く、人間にもよ
> くなつくことから人気急上昇中のかわいいやつ……それがデグー。昼に行動し
> て夜には寝る人間と同じ「昼行性」であることも、人間と一緒に暮らすペットと
> して都合がよく、飼いやすい理由の一つです。ハムスターなどは夜になるほど
> 活発になるので、回し車の音がうるさい、などといった問題が出やすいのです
> が、デグーならそういう心配はありません。
> 　ただし、デグーは野生の個体は南米の高地の岩場などで暮らしているため、
> ハムスターやモルモットと比べて格段に優れたジャンプ力をもちます。そのため、
> ペットとして飼うときは、高さも広さもある大きめのケージが必要です。
> 　デグーファンの心をわしづかみにするのが、多彩な鳴き声。デグーは愛情表
> 現、危険信号、恐怖など、いくつもの鳴き声を使い分けて仲間同士でコミュニ
> ケーションを取り合っているのです。「アンデスの歌うネズミ」とも呼ばれるほど
> の魅力的な鳴き声は、げっ歯目随一かもしれません。

ハムスターとモルモット　**19**

（大きさに注目）

ムササビ座布団、モモンガハンカチ♪

ムササビ	**START**	モモンガ

座布団サイズ	←	**大きさは？**	→	ハンカチサイズ

ムササビは、モモンガに比べてかなり大きい。

鋭い	←	**目の印象は？**	→	くりっとしてかわいい

ムササビは体に比べて小さめの目、モモンガはぱっちり目。

ある	←	**顔に白い帯がある？**	→	ない

ムササビは顔に白い帯があり、白門と呼ぶ。

五角形	←	**飛んでいるときの形は？**	→	長方形

ムササビは飛膜がしっぽまであるので五角形。

NO	←	**群れでいる？**	→	YES

モモンガは群れで暮らす。

↓

わかったかな？

20

ムササビ（ホオジロムササビ）
科目：げっ歯目リス科
生息地：本州〜九州
体長：頭胴長 27 〜 48cm、
　　　尾長 28 〜 41cm
体重：700 〜 1300g

樹上で生活する夜行性のリス。前脚と後脚の間にある飛膜を使って、木から木へ滑空する。

モモンガ（ニホンモモンガ）
科目：げっ歯目リス科
生息地：本州〜九州
体長：頭胴長 14 〜 20cm、尾長：10 〜 14cm
体重：150 〜 200g

ムササビとよく混同されるが、ムササビより体が小さく、大きな目のかわいらしい顔をしている。

01　大きさを見れば一目瞭然

　ムササビもモモンガも世界各地に生息しますが、ホオジロムササビとニホンモモンガは日本だけに生息する固有種です。ここでは、この２種について紹介していきます。
　両者は、木から木へと滑空するリスの仲間であることからよく混同されますが、大きさが全然違うので、知識があれば見分けるのは比較的簡単です。
　まずムササビ。"空飛ぶ座布団"などともいわれるように、風呂敷や座布団、新聞の片面サイズぐらいと、飛膜（翼のようなもの）を広げるとなかなかの大きさがあります。一方のモモンガは"空飛ぶハンカチ"。飛膜を広げてもハンカチやはがきサイズぐらいと小さめです。

02　飛ぶときの形にも注目！

　大きさで見分けられることがわかったら、もう間違えませんね。では、ついでに、飛ぶときの形の違いについても覚えておいてください。
　ムササビもモモンガも各２本の前脚と後脚、計４本の脚の間に飛膜が

あり、ここに風を受けることでなめらかに滑空できます。滑空ということは、鳥のように翼を羽ばたかせながら自力で飛ぶ（飛翔する）わけではありません。自力で飛べる哺乳類はコウモリだけです。自分で飛べない代わりに、ツメが鋭く木登りが得意なので、木の高いところまで登ってそこから飛び出すことで飛行距離を稼ぐのです。

さて、ムササビとモモンガにはしっぽがあります。凧のしっぽと同様に、全体を安定させる効果があります。ムササビのしっぽは太く長く、4本の脚だけでなくしっぽまで飛膜が広がっています。そのため、5本（4本脚＋しっぽ）の骨組みを飛膜が覆うような形、つまり五角形になって飛びます。これに比べてモモンガのしっぽは小さく、しっぽまで飛膜がきていないので、4本脚に飛膜が張られた四角形（長方形）で飛びます。

03 地味顔のムササビ、派手顔のモモンガ

ムササビもモモンガも夜行性のうえ逃げ足が速いので、野生のものはじっくり顔を見る機会がないと思いますが、動物園などでは顔に注目！ムササビの顔を見ると、ほおに白い帯状の模様があるのがわかります。これを白門と呼びます。モモンガにはないのが面白いところです。

次に「目」を見てみましょう。ムササビは目が小さく地味めな顔つきですが、モモンガは大きな黒い瞳が顔の中で目立ちます。ムササビはちょっと意地悪そうな目をしていますが、モモンガは「小動物系のかわいらしさ」を象徴するような愛らしい顔をしています。

そして、ムササビとモモンガともに、「目」は、日没から日の出までの間に活動するのに適した、特別な構造をもっています。

04 暗闇でもよく見えて、光る目のヒミツ

動物は、水晶体（レンズのようなもの）を通して眼球の奥にある網膜に

対象物を映し出すことで「見る」という行為が可能になります。網膜には、明るい場所で働き、色を感じることのできる「錐状体」と、明暗を感知し、色は感じられない「桿状体」があります。ムササビやモモンガは桿状体が発達しているため、暗闇でも目が見え、夜でも活動できるというわけです。その代わり、色を識別する能力はありません。

また、夜行性の動物は、網膜の外側にタペタムという反射板のような層をもっています。このタペタムの反射作用により、光を受けるときと跳ね返すときの2回、網膜を通過させることができ、弱い光でも増幅することができます。このため夜でも目がよく見えるのです。そして、タペタムは反射板なので、ライトなどを当てると目が光ります。ネコなどの夜行性動物も同様ですね。

05 性格やライフスタイルもまったく違う

ムササビは群れでは暮らさない孤高の生き物です。モモンガも単独性ですが、寒い冬は一つの巣に5〜10匹で暮らし、体を寄せ合って過ごしているようです。ムササビも巣を作りますが、たいていは1匹で巣を使うか、メスとその子どもが一緒に使う程度です。

この動物も似ている……フクロモモンガ

フクロモモンガは「モモンガ」とはいっても、一般的なモモンガ（タイリクモモンガやアメリカモモンガなど）と違い、有袋類の仲間です。つまり、種類としては、カンガルーのほうが近いということになります。事実、フクロモモンガのメスには、お腹に赤ちゃんを育てる袋がついています。

フクロモモンガは、オーストラリアに生息する動物です。体長はしっぽを除くと15cm程度の小ささで、フワフワのやわらかい毛並みと、黒目がちで大きな瞳がかわいらしく、日本でも人気が急上昇中。ここ数年で、フクロモモンガを扱うペットショップが増えてきています。

ムササビとモモンガ　23

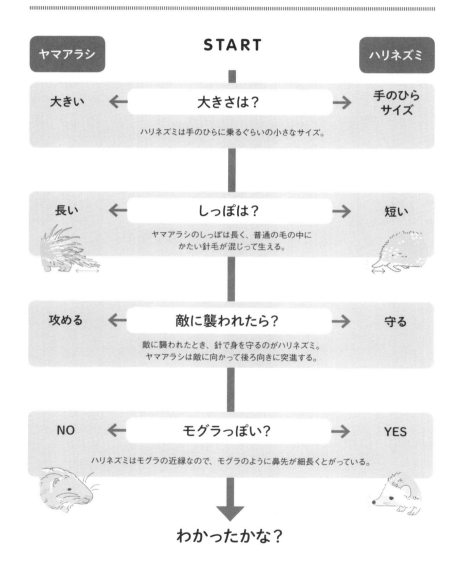

ヤマアラシ（マレーヤマアラシ）
分類：げっ歯目ヤマアラシ科
生息地：アジア
体長：約70cm

針があることからハリネズミに近いと考えられてきたが、モルモットやチンチラのほうがより近縁。

ハリネズミ（ナミハリネズミ）
分類：ハリネズミ目ハリネズミ科
生息地：ヨーロッパ
体長：約22〜27cm

「ネズミ」と名がつくが、モグラのほうが近い仲間となる。

01　針のあるもの同士だけど種が違う

　ヤマアラシもハリネズミも「針」があるもの同士で、一見見分けに戸惑いますが、実はヤマアラシはモルモットやチンチラと同じ「げっ歯（ネズミ）目」で、ハリネズミはモグラに近い仲間。まったく違う種なのです。
　ヤマアラシは、大きな個体では体長80cm前後、体重30kg弱ほどにも成長します。全身に長い針があるのが特徴で、針を逆立てるとさらに体が大きく見えます。一方のハリネズミは、体長20cm台、体重500g程度と小さく、人間の手のひらに乗るほどのサイズです。また、大きなヤマアラシが草食性で、ハリネズミは雑食性という違いもあります。

02　ハリネズミは守る針、ヤマアラシは攻撃の針

　そして肝心の「針」ですが、使い方がまったく違うのです。ハリネズミは、自分を守るために針を使い、ヤマアラシは相手を攻撃するために針を

ヤマアラシとハリネズミ

使います。

　ハリネズミは、敵の存在や危険を察知すると全身を丸め、いがぐり状になり、その場をやり過ごします。ハリネズミの針は先端がとても尖っているので、相手が軽く触れただけでも痛みを与えます。そのため、敵は口でくわえて攻撃することなどもちろんできません。ハリネズミに攻撃力はないので、身の危険が去るまで、この状態を保って身を守ります。

　一方のヤマアラシは、ハリネズミのように体を丸めることができません。危険を察知すると、全身の針を逆立て、体を数倍にも大きく見せ、針を揺らしガシャガシャと大きな音を立てて相手を威嚇します。それでも敵が退散しない場合は、後ろ向きに突進していき、針を刺して攻撃します。ヤマアラシの針は一度刺さると簡単には抜けません。刺さった瞬間の激痛とその後の患部の化膿で、相手に致命傷を与えるのです。

　このように、一見同じように見える針も、使い方がまるで違っています。

03　しっぽの長いヤマアラシ

　体の大きさに続いて、しっぽを比べてみましょう。まず、ヤマアラシのしっぽは 10 〜 45cm ほどと長く、普通の毛に混じってかたい毛が生えており、中が空洞になっています。危険を感じたときなどにしっぽをブルブルと振るわせると、このかたい毛が揺れて音が出ます。この音で敵を威嚇するのです。

　これに対してハリネズミのしっぽは短く、1 〜 2cm ほど。背中部分は針に覆われていますが、しっぽに針はありません。危険を感じて体を丸めたときは、頭もしっぽも内側にしまい込んで身を守ります。

04　ヤマアラシは大きいのに草食系

　ヤマアラシはハリネズミよりも大きな体をしていますが、実は草食動物

です。食べ物は主に木の実や根、果実など。生息地域によってジャガイモやトウモロコシ、カボチャ、メロンなどの野菜や果物を食べて生きています。

　一方のハリネズミは、野生では昆虫やカエル、ヘビ、ミミズ、ムカデ、カタツムリ、ネズミなどを好んで食べています。ペットとして飼う場合は、専用のハリネズミフードもありますが、ドッグフードやキャットフードで育てることもできます（※脂肪分が少ないものが安全です）。また、果物や野菜、鶏のささみなどの肉や卵なども食べます。

05　赤ちゃんの成長も違う

　ヤマアラシは母親の胎内である程度成長してから誕生します。生まれたときから毛は完全に生え揃っており、目もちゃんと開いています。また、針に成長する被毛は生後数時間するとすでにかたくなってきます。離乳も早く、生後9〜14日ぐらいで固形物を食べるようになります。

　一方のハリネズミは生後20日ぐらい経たないと目が開きません。それまでは目が見えないので、鳴き声を頼りに母親を探し出し、母乳を飲んで生活します。生まれてからしばらくは、全身の針はやわらかく、生後25日ぐらいから針や毛がかたくなってきます。

06　家族で暮らすヤマアラシ、一人暮らしのハリネズミ

　ヤマアラシは家族で生活します。群れの構成は、大人のオスとメスのペアとその子どもたちで、総勢6〜8匹となります。大人のオスは子どもたちを守り、自分の家族以外には攻撃的な態度をとります。住まいは、地下に作ったトンネル状の巣です。

　ハリネズミは自分でえさをとれるようになると、母親のもとを離れて単独生活をはじめます。

ヤマアラシとハリネズミ　　**27**

ヤマアラシは危険なのでペットにはなりませんが、ハリネズミはペット
として人気急上昇中。それは単独生活ができるからなのです。

この動物も似ている……テンレック、ハリモグラ

　恐竜の時代からその姿を残す原始的な動物、テンレック。食性はハリネ
ズミと同じ雑食で、全身が粗い毛で覆われており、見た目もハリネズミそっ
くり。また、危険が迫ると体をボール状に丸め、針で身を守る行動もハリ
ネズミによく似ています。長い鼻づらと細長いしっぽをもつのがちょっと
違います。その生態や分類については謎や未解明の部分が多く、盛んに議
論されています。

　また、ハリモグラという生き物がいますが、こちらはカモノハシ目ハリ
モグラ科に分類されます。カモノハシ目なので、なんと哺乳類なのに卵を
生むという珍しい習性があります。

ちょっと一息　動物川柳②

丸まって
寝るとタワシだ
ハリネズミ

ハリネズミの展示お休み中に、タワシを代わりに展示する動物園があるのだとか。

Dio Gen / Shutterstock.com

ヤマアラシとハリネズミ　29

黒い**チンパンジー**、赤い**オランウータン** ♪

毛の色に注目

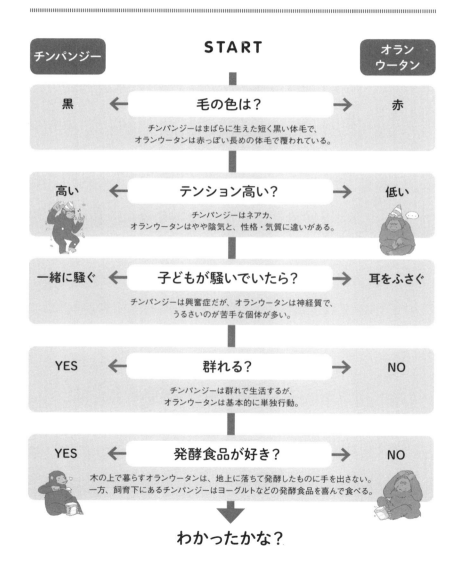

START

チンパンジー		オランウータン
黒 ←	毛の色は？ →	赤

チンパンジーはまばらに生えた短く黒い体毛で、オランウータンは赤っぽい長めの体毛で覆われている。

| 高い ← | テンション高い？ → | 低い |

チンパンジーはネアカ、オランウータンはやや陰気と、性格・気質に違いがある。

| 一緒に騒ぐ ← | 子どもが騒いでいたら？ → | 耳をふさぐ |

チンパンジーは興奮症だが、オランウータンは神経質で、うるさいのが苦手な個体が多い。

| YES ← | 群れる？ → | NO |

チンパンジーは群れで生活するが、オランウータンは基本的に単独行動。

| YES ← | 発酵食品が好き？ → | NO |

木の上で暮らすオランウータンは、地上に落ちて発酵したものに手を出さない。一方、飼育下にあるチンパンジーはヨーグルトなどの発酵食品を喜んで食べる。

わかったかな？

チンパンジー
科目：霊長目ヒト科
生息地：西アフリカから中央アフリカにかけて

遺伝子が人間と4％しか違わないといわれるほど、賢く遊び好きの生き物。

オランウータン
科目：霊長目ヒト科
生息地：東南アジア

オランウータンとは、マレー語で「森の住人」という意味。ボルネオ島とスマトラ島の熱帯雨林に生息する。

01　まずは、毛の色で見分ける

　チンパンジーとオランウータンは、同じ類人猿同士。動物園では近いところで飼育・展示されていることが多いので、混同している人も少なくありません。

　基本的な見分け方法は「毛の色」です。チンパンジーは全身が黒い毛で覆われ、オランウータンは赤や茶色の毛で覆われています。また、チンパンジーの毛は短くまばらですが、オランウータンは長いという違いもあります。

02　住んでいるエリアと食の好みが違う

　チンパンジーはアフリカ、オランウータンは東南アジアと、生息地が違います。さらに、オランウータンは熱帯雨林の木の上でほとんどの時間を過ごしますが、チンパンジーは地表でも活動する点も違います。

　木の上で生活するオランウータンは、木になっている果物を主に食べています。そのほかにも、葉や樹皮などを食べることがあります。それに対

して、地上で暮らすようになったチンパンジーは、木から落ちた果物も食べるようになりました。そうした食べ物の中には、熟し発酵した果物なども含まれるため、チンパンジーは発酵食品やアルコールなども摂取・消化できるようになったのです。そのため、動物園のチンパンジーはヨーグルトなどの発酵食品を好物としています。また、発酵した果物はアルコール分を含むため、アルコールが分解できる体質になりました。野生のチンパンジーが、発酵したヤシの樹液酒で宴会をし、酔っ払い行動をとることも報告されています。一方で、オランウータンはアルコールの味が好きですが、消化できません。よく似た類人猿同士なのに、対照的で興味深い違いですね。

03　ネアカなチンパンジーと、ネクラなオランウータン

　動物園に行く機会があれば、性格を比べてみてください。

　チンパンジーは、興奮しやすく冷めやすいという特徴があります。感情的になりやすく、すぐにケンカをしますが、いつまでも根にもつことはなく、あっという間に仲直りをします。仲間といることが好きで、基本的には平和主義だからです。その割に自己主張もちゃんとするし、実行力もあるので「芸人・営業マンタイプ」といえそうです。

　これに比べてオランウータンはというと、完全個人主義・単独行動タイプ。感情をわかりやすく表に出すことはありませんが、いつまでも根にもつ傾向があります。好みの飼育員がパートナーや恋人と一緒に歩いているところを見ると、翌日からやきもちで大変なのです。ご機嫌が直るまで、いじけてえさを食べなかったりと、なかなかめんどうくさい性格をしています。そのため飼育員は、オランウータン舎の前はどんなときでも一人で通り過ぎなければなりません。ただし、一度興味をもったものには熱心にもくもくと情熱を傾けるので、「芸術家タイプ」といえそうです。

04 多種多様な恋と性の話

　チンパンジーやオランウータンなどのサルの仲間は、"性"に対して並々ならぬ執着心をもっています。チンパンジーはネアカな性格のためか、とくに性に開放的といわれています。メスも性欲が強く、群れの中のオスと次々に交尾をする例も観察されているそうです。

　オランウータンもなかなか激しい。オスは「ロングコール」という求愛の歌でメスにアピールするため、声の大きいオスが多くのメスと交尾の機会を得ることができます。逆に、声の小さいモテないオスは、メスを求めてさまよう中でメスに出会うと、相手が発情期でなくても無理やり押さえつけて交尾をすることがあるらしいのです。

　オランウータンはメスの恋の駆け引きも盛んで、「オスが持っているえさをわざと取って、その反応でおつき合いするかどうかを決める」といったことがあるそうです。怒ったりするオスは「器が小さい」と、NG判定を下すのだとか！

この動物も似ている……ゴリラ

　ゴリラは霊長目ヒト科ゴリラ属。霊長類の中でもっとも大きな体をしています。好戦的でケンカっぱやいチンパンジーと近縁なのに、ゴリラは争いを好まない平和主義。非常にデリケートで、家族をとても大事にします。

　見た目は、オスが特徴的な体形をしています。というのは、オスは成長するとメスの約2倍もの体重になり、後頭部が盛り上がります。群れでは、背中が白くなった「シルバーバック」と呼ばれる強いオスが中心となり、子連れのメスを複数従えます。

　口を開けると鋭い犬歯がありますが、えさをとるためでも、肉を食いちぎるためでもなく、メスをめぐって争うときや縄張りを主張するときなど、威嚇などの目的で見せるためのものです。

チンパンジーとオランウータン　**33**

無地ピューマ、点チーター、輪ヒョウ、輪点ジャガー♪

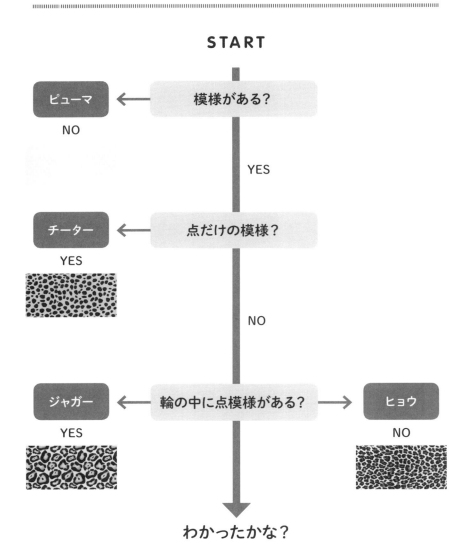

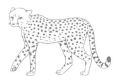

ピューマ
科目：食肉目ネコ科
生息地：北アメリカから南アメリカにかけて

体のバランスから見ると、脚が大きめ。

チーター
科目：食肉目ネコ科
生息地：アフリカ、西アジア

陸上の動物としては世界最速。

ヒョウ
科目：食肉目ネコ科
生息地：アフリカ、アジア

樹上から獲物をねらうこともあるため、木登りに特化した体型。

ジャガー
科目：食肉目ネコ科
生息地：中央アメリカ、南アメリカ

ずんぐりとした体型だが、木登りも泳ぎも得意。

01　ネコ目ネコ科のよく似た4種を「柄で」見分ける

　ピューマ、チーター、ヒョウ、ジャガーを思い浮かべてください。違いがまったくわからない！　という人も少なくないでしょう。ここでは、この4種の見分け方と、それぞれの生態を紹介します。

　まず、見分け方は、「柄」で一発です。柄がなく無地なのがピューマ、柄が黒い点なのがチーター、黒い輪っかだとヒョウ、黒い輪っかの中に点があればジャガーとなります。無地なのはピューマだけですが、子どものころは斑点模様があるので、お間違いなく。

　ところで、よく「ヒョウ柄」として洋服やバッグなどが売られています。よく見てみると、点が入っていたり、輪っか模様になっていなかったりと、間違っているものがあるかもしれませんよ……。

02 クロヒョウにもちゃんとヒョウ柄がある

ヒョウには、突然変異によって全身が真っ黒の個体が生まれることがあります。ブラックパンサーなどと呼ばれます。生まれつき色素がない「アルビノ」だと目立ちすぎて敵にねらわれやすく、生きていくのに不利ですが、真っ黒であれば意外と利点が多いようです。闇にまぎれて行動できるので狩りにも有利だし、敵にねらわれる機会も減ります。

ところで、クロヒョウとはいっても、全身が黒一色ではなく、光にかざしてみればちゃんと斑点模様があります。トラやヒョウからペットのネコにいたるまで、ネコ科の動物にはシマ模様や斑点模様がありますが、これを「タビー」と呼びます。クロネコやクロヒョウにも、目立たないだけでタビー模様はあるので、「ゴースト（わずかな）タビー」と呼びます。

03 ずんぐり体型のジャガー

ピューマ、チーター、ヒョウ、ジャガーというと、頭が小さく脚が長く、スマートな体型というイメージがありますが、ジャガーだけはちょっと違います。ジャガーは、頭が大きめで脚が短く下半身がどっしりしていて、全体的にずんぐりした印象です。こうした体のつくりのため、アゴの力が強く獲物を確実に仕留められる、木登りが得意なので狩りに有利、などの利点があります。さらに、ネコ科の動物の中では珍しく、泳ぎが得意なので、水の中に入って魚をとらえることもできます。

同じく木登りが得意なのがヒョウです。ヒョウは、木の上から獲物をねらうことができるので狩りに有利です。また、獲物を木の上に引き上げて隠しておけば、ハイエナなどに横取りされることもありません。

36

04 モデル体型のチーター

　ちょっとあかぬけない体型のジャガーと対照的なのがチーター。頭が小さく、脚が細く長く、ウエストもキュッと引き締まっています。まさにモデル体型ですが、しなやかなバネのような背骨、筋肉質で長い尾、野球のスパイクシューズのように地面をしっかりグリップする爪など、美しさの中に恐るべき機能性を秘めています。

ピューマとチーターとヒョウとジャガー　　**37**

黒ヒゲタヌキ、白アライグマ♪

ヒゲの色に注目

START

タヌキ		アライグマ
黒い ←	ヒゲは？	→ 白い

顔を見て、白いヒゲが目立つのがアライグマ。

| 模様なし ← | しっぽは？ | → シマシマ |

タヌキのしっぽは黒っぽい無地で短め。
アライグマのしっぽは細長くシマ模様。

| 丸顔 ← | 顔の形は？ | → 台形に近い |

丸顔のイメージがあるが、アライグマは細長い顔

| ない ← | 眉間に黒いスジがある？ | → ある |

両目の周りと鼻スジが黒いのがアライグマ。

| 不器用 ← | 手（前脚）は器用？ | → 器用 |

タヌキは片手でものを持てない。

↓

わかったかな？

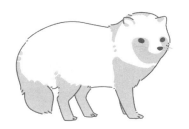

タヌキ
科目：食肉目イヌ科
生息地：日本、中国、朝鮮半島、ロシア南東部

アライグマ
科目：食肉目アライグマ科
生息地：カナダから北アメリカ、中央アメリカ

里山にも人里にも住む。雑食性でえさに困らないため、草むらや排水溝などを巣として都心でも生きていける。東京の中心・皇居にも生息中。

北アメリカが原産だが、日本にもペットとして輸入された。飼育放棄された個体や逃げ出した個体が野生化している。

01　かわいいアライグマ、地味なタヌキ

　タヌキは日本を含む極東に住む種で、アライグマは北米原産の外来種なのに、外見はとてもよく似ています。それなのに、タヌキは「人を化かす」いまいましい生き物として描かれ、アライグマはキュートな生き物として描かれるのはなぜでしょう？

　それは、人間にとってアライグマのほうが、外見やしぐさがかわいらしく見えるからです。アライグマは横長の丸顔に黒目がちの大きな瞳、大きな耳という顔立ちに加え、ずんぐりむっくりで短足の（に見える）プロポーション、ものを洗うようなしぐさなど、全体的にぬいぐるみ的なかわいらしさを感じさせます。それに比べてタヌキは目や耳が小さく、地味めな外見をしています。

タヌキとアライグマ　39

02　見た目によらず凶暴なアライグマ

　アライグマはペットとして持ち込まれたわけですが、小さいころはおとなしくても、成長するにしたがって凶暴化して手に負えなくなるケースが少なくありません。そうした事情から飼い主が手放したり、器用な前脚でオリをこじ開けて脱走したりすることもあり、繁殖力や身体能力、なんでも食べる適応力を発揮し、日本でも野生化して相当数が生息しています。

　一方のタヌキもアライグマと同じ雑食性ですが、イヌの仲間の中では草食傾向が強いといわれています。タヌキの歯を見ると、肉を引き裂く鋭利な歯は少なく、草をすりつぶす臼歯が大きく発達していることがわかります。

　また、タヌキにまつわる「狸寝入り」という言葉があります。「寝たふり」という意味ですが、これはタヌキが驚くことや怖いことがあるとショックで気を失ってしまうと考えられていることに由来します。タヌキは小心者でデリケートな生き物なのですね。

03　顔の違いをもっともっと見てみよう！

　とても似ているのに、細部が微妙に違うタヌキとアライグマ。動物園に行く機会があったら、じっくりと「顔」を見比べてみましょう。

　最初に顔の形。タヌキもアライグマも丸顔をしていますが、アライグマのほうがより横に長い丸顔（台形に近い）です。目の間を見比べると、アライグマには黒いスジが通っており、タヌキにはそれがありません。さらに、アライグマのヒゲは白く、顔全体を見たときによく目立ちますが、タヌキのヒゲは黒いので、顔色に同化してあまり目立ちません。

　次に耳。タヌキの耳は小さく丸めで黒っぽいふち取りがあり、アライグマは耳が大きくイヌやネコに近い形で、白いふち取りがあります。

04 体の違いも意外とある

　体を見比べると、まず全体の体色がなんとなく違います。タヌキは全体的に茶褐色で、脚は地下足袋を履いたような黒色です。アライグマは脚も含めて全体的に灰褐色をしています。ただし、季節や性別による違いや個体差もあるので、体色だけで見分けるのは難しいかもしれません。

　それに比べて、しっぽの違いはわかりやすいはず。タヌキは模様のない短いしっぽですが、アライグマは細長く黒いシマ模様が入っています。

05 アライグマの習性、タヌキの習性

　さて、アライグマとタヌキの特徴的な習性のお話です。

　まずアライグマは、なんといっても「ものを洗って食べるしぐさ」が有名です。理由はまだ解明されていませんが、「水中にいる獲物をとらえて食べていた習性の名残」という説があります。人間みたいで面白いしぐさですが、清潔にするために洗うわけではないことは確かです。

　また、アライグマには2本足で立ち上がるという特技があります。「2本足で立つレッサーパンダ」が一世を風靡しましたが、アライグマもレッサーパンダと同様に、足の裏全面を地面につけて歩く「蹠行性」だからです。

　タヌキの習性を語っても、アライグマのようにかわいいエピソードは出てきません。たとえば「狸のためグソ」。仲間と一緒に決まった場所でフンをする習性のことです。ためグソの場所には、数十cmにもなるフンの山ができて、これが猛烈に臭い！

　やはりステキなエピソードは出てこないので、とっておきのいい話を最後に。タヌキは普段は単独生活をしていますが、繁殖期になるとオスとメスがペアになり、子育ても仲良くこなします。なわばりにほかのタヌキが入ってきても争わず、異性をめぐる争いもほとんどありません。タヌキはイクメンで平和主義者なのです。

タヌキとアライグマ　　41

この動物も似ている……レッサーパンダ

　食肉目レッサーパンダ科のレッサーパンダもタヌキやアライグマと似た体、顔をしていますが、レッサーパンダは丸顔で鼻が低いのが特徴です。

　また、タヌキ、アライグマ、レッサーパンダは性格がそれぞれ違います。もちろん個体差はありますが、タヌキはビックリすると気絶する小心者で、アライグマは乱暴な荒くれ者、レッサーパンダはじゃれ合ったり遊んだりするのが大好きな愉快者と三者三様です。

　よく似た生き物はまだいます。アナグマです。アナグマとは、生物学的にはイタチ科の動物です。タヌキによく似ていますが、よく見るとタヌキよりもずんぐりむっくり体型で、走るのが遅いという弱点があります。日中は穴の中にいて姿を見せないことや、穴を掘るため前脚が発達していることなどから、タヌキと同じように、人をだましたり化かしたりする"妖怪"のように語り継がれてきたようです。

ちょっと一息　動物川柳 ③

> アライグマ
> 「かわいい」だけじゃ
> 飼えないよ

Vladimir Wrangel / Shutterstock.com

ペットとして日本に持ち込まれたアライグマが野生化し、特定外来生物に指定されるほど問題に。日本ではアライグマの飼育は禁止されています。

タヌキとアライグマ

大きいテン
小さいイタチ♪

体の大きさは？

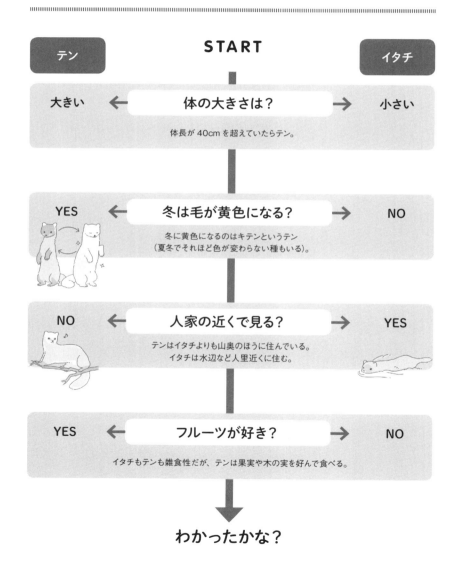

START

テン ← 体の大きさは？ → イタチ

大きい ← 体の大きさは？ → 小さい

体長が40cmを超えていたらテン。

YES ← 冬は毛が黄色になる？ → NO

冬に黄色になるのはキテンというテン（夏冬でそれほど色が変わらない種もいる）。

NO ← 人家の近くで見る？ → YES

テンはイタチよりも山奥のほうに住んでいる。イタチは水辺など人里近くに住む。

YES ← フルーツが好き？ → NO

イタチもテンも雑食性だが、テンは果実や木の実を好んで食べる。

わかったかな？

テン
分類：食肉目イタチ科
生息地：北海道から九州にかけて
体長：約41〜49cm

日本には、本州・四国・対馬に住む種（ホンドテンとツシマテンの2亜種）と、北海道に住むクロテン（亜種名はエゾクロテン）がいる。

イタチ（ニホンイタチ）
分類：食肉目イタチ科
生息地：日本
体長：約16〜37cm

イタチ類は食肉目のなかでもっとも種類が多い。

01 　まずは大きさで見分けてみよう

　イタチとテンはどちらも細長い胴体をもつもの同士でよく似ており、同じ「食肉目イタチ科」に分類されています。そしてこの先が違っていて、イタチは「イタチ属」、テンは「テン属」となります。

　まず、体の大きさを比べてみると、イタチよりもテンのほうがやや大きく、テンはイタチの1.5倍ぐらいです。テンのしっぽは19cm前後もあり、このしっぽだけでメスのイタチとほぼ同じくらいの大きさになるのです。

　また、イタチもテンも、オスのほうがメスに比べてかなり大きいという特徴があります。イタチはオスが体長約30〜37cm、メスは約16〜25cmと、とくに体格差が大きく、哺乳類のなかでも最大級の差となります。

02 　毛の色はどうなっている？

　次は毛に注目です。テンは、夏場は茶褐色と黒色の毛で覆われていますが、冬になると黄色や白色に変化します。イタチは赤っぽい褐色から黒っぽい褐色の毛で、夏と冬とでそれほど色は変わりません。

　イタチ、テンともにつややかで美しい毛をもつため、毛皮の材料として

使われていた時代もありますが、近年は動物愛護の観点、ライフスタイルの変化などから、毛皮のニーズは少なくなっています。

03 テンは体が大きいのに、好物はフルーツ

　次は食べ物の話です。テンもイタチもウサギや鳥などの小動物を狩りの対象としており、積極的に狩ります。食性でいえば、雑食となります。

　さてここで、体の大きなテンのほうが小さなイタチよりも肉を好んで食べそうだと思ってしまいますが、雑食でも肉食寄りなのはテンではなく、イタチのほうです。イタチは小柄ながら、自分よりもはるかに大きい動物をねらって狩りをします。彼らの標的には、ニワトリなどのとても大きく獰猛なものも含まれています。さらには、かたいカラで覆われたザリガニなどもなんなく狩ってしまいます。イタチも木の実などを食べないわけではありませんが、大部分のえさは動物の肉だといわれています。狩りは単独で行ない、鋭い歯で獲物を仕留めます。

　これに対してテンは肉も食べますが、果実や木の実もよく食べます。そのため、狩りをしなくても、果実や木の実がたくさん実る季節は食料に困ることがありません。とはいえ、身体能力は抜群で、狩りの名人でもあります。獲物までの最短距離を的確に把握し、素早く対象を仕留める、テクニカルな狩りをするのです。

04 住まいもまったく違う

　イタチとテンは分布域も違います。まず、テンよりイタチのほうが分布域が広く、全世界にわたって見られます。オーストラリアやグリーンランドなどの一部を除き、イタチの仲間は世界各地にいるのです。

　それに対してテンは、アフリカやオーストラリア、中東、グリーンランド、オーストラリア、ロシア北部などでは見られません。また、カナダも北部一帯には生息していません。

　生活エリアも違っており、イタチは人家の近くに現れることがあります

が、テンは比較的山奥のほうで暮らしています。どちらも水に入る習性があり、泳ぎは得意です。

05　長生きなテン、短命のイタチ

　寿命を比べてみましょう。イタチは短命で、ニホンイタチの場合、飼育下で平均1.4歳といわれています。イタチの仲間であるイイズナなどは、1年以下しか生きられません。

　テンはそれに比べてはるかに長生きです。テンの寿命はイタチの10～15倍ともいわれています。もちろん種や個体差などによって違いはありますが、この「寿命差」はとても大きいといえるでしょう。

　また、イタチは妊娠期間もとても短く、35～45日程度といわれています。これに対してテンはずっと長く、6～9カ月もの間お腹の中で子どもを育てます。

06　おならとフンの話

　「イタチの最後っ屁」という言葉がありますが、これは追いつめられたイタチが肛門付近の器官から強いニオイを放ち、敵をひるませる習性を表します。

　おなら（屁）に続いて、フンの話。イタチもテンも肉を食べるため、フンはなかなかの悪臭です。そして、イタチのフンは広範囲に残されますが、テンのフンは岩の上や登山道などで見かけます。登山を趣味とする人は、ときどきテンのフンを見かけるそうです。

> ### この動物も似ている……オコジョ
> 　オコジョはニホンイタチよりももっと小さな種類で、体長はオス約18～20cm、メス約14～17cmぐらいです。かわいい顔をしているのですが、完全肉食性という特徴があります。
> 　また、夏は胸部が白くそれ以外は黒色をしていますが、冬になると真っ白になります。真ん丸な目と鼻先が黒く、ぬいぐるみのような愛らしさです。

テンとイタチ　**47**

板アルマジロ、まつぼっくりセンザンコウ♪

"鎧"の形に注目！

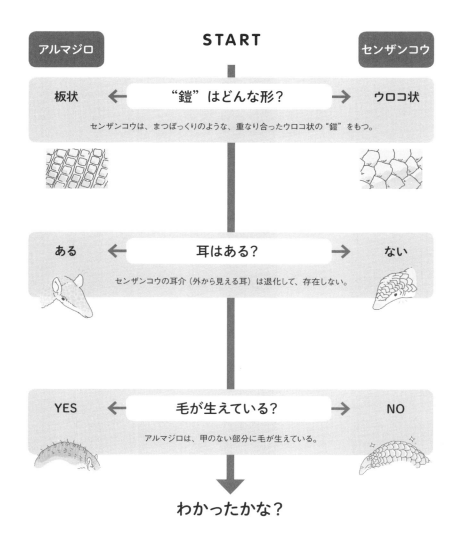

アルマジロ（オオアルマジロ）
科目：被甲目アルマジロ科
生息地：南アメリカ

長い舌を使ってアリやシロアリを食べる。比較的、アリクイに近い種とされる。

センザンコウ（サバンナセンザンコウ）
科目：有鱗目センザンコウ科
生息地：アフリカ

長い舌を使ってアリやシロアリを食べるため、アリクイに近い仲間と考えられていたが、遺伝子研究が進み、食肉目（ネコなど）に近い種と考えられるようになった。

01 背中の"鎧"の役割は？

　アルマジロとセンザンコウといえば、体を覆うように身につけている"鎧"を思い浮かべます。同じような生き物だと思われがちですが、"鎧"を見比べると、ふたつの動物の違いが見えてきます。

　アルマジロは、洗濯板のような板状の硬い"鎧"（鱗甲板）をもっています。アルマジロはボールのように丸まると思っている人も多いかもしれませんが、丸くなれるのは、ミツオビアルマジロなど一部の種だけで、そのほかの種は、鱗甲板に覆われていない脚を引っ込めて、地面に伏せるようなかたちで身を守ります。

　センザンコウのまつぼっくりのようなウロコは、皮ふが成長してできたもので、定期的に生え変わるそうです。ミツオビアルマジロと同じように、体を丸め、ボール状になって身を守ります。ウロコはかたく、先端が鋭いため、身を守るだけでなく、敵を攻撃するときにも使われます。

アルマジロとセンザンコウ　49

02　アリやシロアリが大好き

　アルマジロもセンザンコウも、アリやシロアリを好んで食べます。アルマジロはアリクイに近い種で、長い舌が特徴的ですが、意外にも、歯が生えています。オオアルマジロは 80 〜 100 本ほどの小さな歯が口の奥のほうに生えています。これは陸上の哺乳類ではダントツの数だそうです。

　センザンコウも長いネバネバしている舌でアリやシロアリを捕まえて食べますが、歯がないので、特殊な胃を使って食べたものをすりつぶしています。鳥の砂囊（さのう）（いわゆる砂肝）のように、食べたものと小石や砂を混ぜ合わせることで、食べものを細かくし、消化を助けています。

03　器用な前脚で生き抜く

　アルマジロは、前脚にある、曲がった長いツメを使って穴を掘るのがとても得意。巣穴を作るほか、食べものを探したり、敵から逃げたりするためにも穴を掘ります。

　センザンコウも前脚にあるツメを器用に使いこなします。アフリカに住むセンザンコウの一部は、木の上で暮らしています。先端が感覚装置になっている、強い力で巻きつけられる尾を駆使しながら、前脚にあるツメで木の幹をしっかりとつかみます。地上で暮らす種は、強力なツメを使ってアリやシロアリの巣を壊して捕食します。巣を壊せば、たくさんのアリやシロアリを食べることができます。オオセンザンコウは 1 晩に 20 万匹も食べることがあるといわれています。

04　意外に知られていない、ヒトとの関係

　アルマジロとセンザンコウは意外にも、人間に利用されています。

　センザンコウは、食用や、ウロコが医薬や媚薬として用いられ、サバン

ナセンザンコウをはじめ、多くの種が絶滅の危機に瀕しています。飼育が難しく、どのように保護していくかが課題となっています。

　ココノオビアルマジロというアルマジロの仲間は、いつも4つ子を産みます。ヒトの一卵性双生児と同じで、ひとつの胚が分かれて4つ子になるので、同じ遺伝子をもつ「クローン」になります。この特徴が医学研究の分野で利用されていました。

　じつは、ココノオビアルマジロは、ヒト以外でハンセン病にかかる珍しい動物。複数のクローンがあるのは医学研究にとって好都合で、ハンセン病研究に利用されてきましたが、現在では、ココノオビアルマジロに代わって実験用の特殊なマウスが用いられています。

この動物も似ている……アリクイ

　アリクイはアルマジロやセンザンコウと違い、かたい"鎧"はもたず、体は毛で覆われています。しかし、アルマジロやセンザンコウと似ているところも多々あります。

　まずなんといっても、食べ物の好み。アリクイは名前のとおり、長い舌を使ってアリやシロアリを食べます。この舌には、粘着性の高い唾液がついていて、オオアリクイのものは60cmを超えるといわれています。

　また、強力な前脚とツメもあり、オオアリクイは、コンクリートほどのかたさがあるアリ塚を壊すほどの力があります。

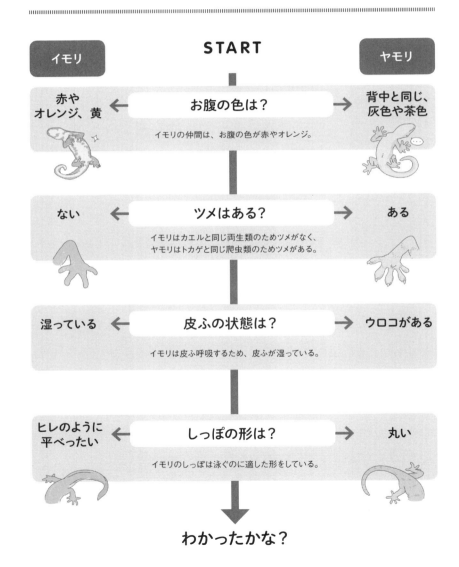

イモリ（アカハライモリ）
科目：有尾目イモリ科
生息地：本州、四国、九州

カエルやサンショウウオと同じ、両生類の仲間。

ヤモリ（ニホンヤモリ）
科目：有鱗目ヤモリ科
生息地：本州、四国、九州、台湾、中国

トカゲやヘビと同じ、爬虫類の仲間。

01　お腹の色は危険な証拠！

　イモリとヤモリを簡単に見分ける方法は、お腹の色を確認することです。ヤモリのお腹は、背中などと同じ灰色や茶色ですが、イモリは赤やオレンジ、黄色といった目立つ色のお腹をしています。

　こんな派手な色をしていると、天敵に見つかりやすいのではと、心配してしまいますが、このカラフルなお腹は敵から身を守るのに役立ちます。

　イモリは皮ふに毒をもっています。それをアピールするために、目立つ色をしているのです（警告色といいます）。敵に襲われそうになると、イモリは体を反ってお腹を見せるような姿勢になります。

　イモリを素手で触ったら、しっかり手を洗いましょう！

02　両生類と爬虫類の違いは？

　イモリとヤモリは、見た目も名前も似ていますが、大きな違いがあります。イモリは両生類で、ヤモリは爬虫類です。つまり、イモリはカエルなどの仲間で、ヤモリはトカゲなどの仲間なのです。

イモリとヤモリ

両生類は一生のうち、水中で活動する期間をもつ動物のグループです。イモリは乾燥に弱いので、陸上で活動するときでも、水辺から遠く離れることはありません。ヤモリは民家の壁で見かけるように、池や小川が近くになくても生活できます。

　イモリなどの両生類の卵は、殻がなく、ゼリーのようなもので包まれた状態で水中に産み落とされます。一方、ヤモリなどの爬虫類の卵は殻に覆われ、陸上に産み落とされます。

　両生類は皮ふ呼吸をするので、皮ふを湿らせておく必要があります。それに対し、爬虫類の皮ふはウロコに覆われ、乾燥に強いのが特徴です。

　このように、イモリは水と切っても切れない関係にあり、対してヤモリはより陸上に適応した動物といえます。

03　人間の近くに暮らすヤモリ

　民家の壁を這っているヤモリの姿を見かけることがあります。ニホンヤモリなどの仲間は建物の付近で暮らしています。昆虫やクモなどの害虫を食べてくれるので、人間にとって有益で、「家守」や「屋守」とも書いて、縁起のいい動物とされています。

　乾燥に強いヤモリですが、寒さには弱いので冬眠します。ヤモリの指は壁にくっつくのが得意ですが、穴を掘るのは苦手。そんなヤモリはどこで冬眠するのでしょうか。建物付近に暮らすヤモリは、壁の隙間や縁の下などに潜み、暖房器具などの温もりを利用して冬を乗り切っていると考えられています。

04　イモリは惚れ薬？

　江戸時代、イモリは惚れ薬として知られていました。その真偽はともかく、イモリのオスの求愛行動はとても情熱的です。

４～７月、池や小川、水田などの水中では、イモリの求愛行動が見られます。オスは、しっぽや胴体などが、婚姻色と呼ばれる紫がかった色に変化します。メスの鼻先でオスはしっぽを震わせ、猛アピールします。このとき「ソデフリン」（額田王が詠んだ和歌にちなんで命名）と呼ばれるフェロモンを出します。

　それなのに、メスがオスを受け入れることは少ないといわれています。イモリの世界でも、オスはモテるために必死なのです。

この動物も似ている……トカゲ

　ヤモリとトカゲは同じ爬虫類です。トカゲはピンチのときにしっぽを切り落とす自切行為で有名ですが、ヤモリもトカゲと同じようにしっぽを切って逃げることで知られています。

　そんな似ているヤモリとトカゲですが、面白い見分け方があります。それは、目を観察することです。トカゲはまぶたがあり、目を閉じることができます。一方、ヤモリはまぶたがなく、まばたきすることができません。

　それでは、目をどうやって保護しているのでしょうか。じつはヤモリは、コンタクトレンズのような透明なウロコで眼球を守っています。ときどき、透明なウロコについたゴミを長い舌で掃除している姿を見られます。

イモリとヤモリ　　**55**

> 指の数に注目

ダチョウが2で、エミューが3♪

START

ダチョウ		エミュー
2本	← 足の指は何本？ →	3本

ダチョウは1本指で体のバランスを保つ。

| ある | ← 翼っぽいものがある？ → | ない |

ダチョウには立派な翼があるが、エミューは翼が小さく、羽に隠れているので、ほとんど見えない。

| YES | ← まつげがとても長い？ → | NO |

まつげ（毛）といっても、毛ではなく羽毛。

| 攻撃的 | ← 性格やしぐさは？ → | 好奇心旺盛 |

ダチョウは怒りスイッチが入るとかなり暴力的。エミューは温厚で、「ボンボン」とかわいい音を立てながら近づいてくる。

| 情熱的 | ← 求愛はどんな感じ？ → | 紳士的 |

ダチョウは羽を広げて情熱ダンス。動物園では飼育員や軽トラック相手にすることも。エミューは隣り合わせになって頭を振るなど、しっとり系。

わかったかな？

ダチョウ
科目：ダチョウ目ダチョウ科
生息地：アフリカ
体長：約 2 m
体重：100kg 以上

鳥類としては最大種。そして「飛べない」というのも大きな特徴。体は大きいが、脳は眼球より小さく、ネコと同じぐらいしかない。シワもあまりない。

エミュー
科目：ダチョウ目ヒクイドリ科
生息地：オーストラリア
体長：約 1.5 m
体重：約 50kg

ダチョウに次いで、鳥類としては 2 番目の大きさ。「飛べない」のはダチョウと同じだが、エミューは前にしか進めないという特徴がある。

01　動物ツウは、羽の色より指の数で見分ける

　なんとなく「ダチョウは白黒で、エミューはグレー」と覚えている人もいるかもしれません。たしかに、みなさんがイメージする通り、ダチョウは胴体に黒い羽、翼と尾に白い羽をもちますが、それはオスだけ。メスや若いオスは、グレーがかった茶色い羽なので、エミューと見分けがつきにくいでしょう。ちなみに、エミューは羽毛の付け根（羽軸）から羽がY字に2本生えています。また、ダチョウの羽には静電気が起きないという不思議な特徴があります。

　絶対に外さない見分けのコツは「足の指の数」です。ダチョウはオスもメスも1本の足につき指は2本。大きいほうの指だけにツメがついており、この1本の指だけで立ったり走ったりします。このことにより推進力が生まれ、早く走れるのです。

　一方のエミューは、足の指は3本。恐竜のような原始的なつくりをしていて地面をがっちりつかめますが、動きが制限され、前にしか歩けません。このことから「前進あるのみ」という意味を込めて、オーストラリアでは国家の発展の象徴としています。

02　ダチョウは白、エミューは青緑

　めったにお目にかかる機会はないと思いますが、ダチョウとエミューでは卵がまったく異なります。まず、ダチョウは鳥類最大の鳥だけあって、卵も鳥類最大。重さは約1.5kgにもなります。殻の厚さは約2mmで、80kgもの衝撃にも耐える保護力があります。

　一方、エミューの卵はなんと濃い青緑色（ダチョウはごく普通の白色）。1個900gほどにもなり、ニワトリの卵の10倍以上ですが、もちろんダチョウのほうがさらに重く、ニワトリの卵の20〜30個分にもなります。

03　ダチョウ女子のあざとい子育て

　ダチョウの繁殖・子育ては個性的です。ダチョウは、卵を産んでからはどちらかというとオスが一生懸命。交代のために巣からメスが立ち上がると、オスは「待ってました」とばかりに卵を温めます。

　オスは繁殖のシーズンになると、群れの仲間とケンカをして一番強いオスだけが残り、ほかのオスを追い出します。

　メスは群れの中で順位を決め、最初に産卵したメスが上位となり、オスと一緒に巣を守ります。下位のメスも同じ巣に産卵するため、1つの巣に15個ほど卵があることも。上位のメスはすべての卵を温めますが、自分の卵を巣の中央に置きます。なぜなら、敵が来たとき自分の卵が攻撃されないように、外側にあるほかのメスの卵で守るためです。

04　エミュー男子はイクメンの鑑

　交尾後2〜3日おきに、メスは合計8〜20個の卵を産みます。メスが卵を産みはじめるとオスは待ち切れず、産卵が終わる前から巣の上に座り込みます。この点はダチョウと似ています。

このとき、一部のメスは巣とオスを守るためにとどまりますが、多くの
メスはほかのオスと交尾します。メスは複数のオスと交尾するため、卵の
多くは本当の父親ではないオスによって温められます。

　またエミューは托卵（自分の卵を他の巣に紛れ込ませること）するため、
ヒナは本当の両親ではないオスとメスが作った巣で育てられることもあり
ます。卵を抱いている間、オスは飲まず食わず、体に蓄えた脂肪と夜露だけ
で耐えて、排便もせず、一日に何度か卵をひっくり返すためだけに立ち上が
ります。ヒナが孵るまでにオスの体重は半分近くまで減ってしまうそうです。

05　鳴き声で見分けるのは難しいけど、おもしろい

　ダチョウはヒナのときは「プルルル……」「ピロロロ……」などと、小
鳥がさえずるように鳴きます。大人になるとめったに鳴かなくなりますが、
オスは威嚇やメスへのアピールのときに、のどを大きく膨らませて「ブォー
ン、ブォーン、ブォーーーン」と大きな声で鳴きます。メスは、驚いたと
きや警戒しているときに、「クェッ！」と短く鳴きます。

　エミューの鳴き声はオスとメスで違います。オスは「ヴゥー」と低い声
を出します。メスは「ボン……ボボン」とドラムのような声を出し、繁殖
時期が近づくと鳴き声が大きくなります。

この動物も似ている……ヒクイドリ

　強烈なキックで人も殺せる危険な鳥です。強力な脚の力に加え、12cm
に達することもあるするどく硬いツメも武器になります。この一撃で人間
や馬などを倒し、内臓を引きずり出せるほどともいわれています。本来は
臆病な性格なので、率先して攻撃してくることはほとんどありませんが、
危険を感じると攻撃的になり、気性の荒い一面を見せます。頭の高さは 1.3
〜 1.7m、エミューに比べて低いのですが、体重は 90kg 近くにもなる個
体もいて、ガッチリと風格のあるプロポーションです。

ダチョウとエミュー　**59**

インコはないけど、オウムはトサカ♪

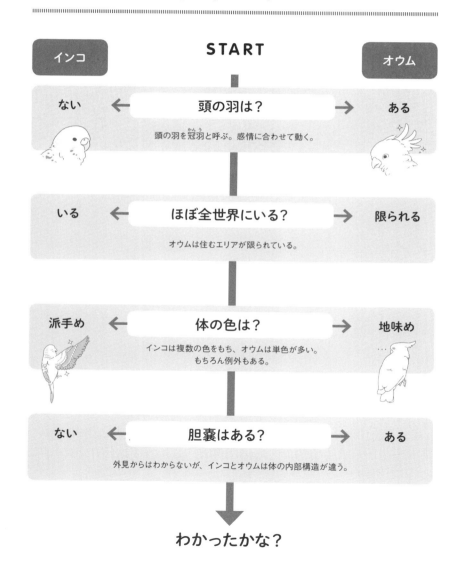

インコ
分類：オウム目インコ科
生息地：オーストラリア、ニューギニア、アジア、アフリカ、アメリカなど

全世界で約70属約350種が報告されている。

オウム
分類：オウム目オウム科
生息地：オーストラリア、ニューギニアやタスマニア、ニュージーランドなど

オウム科の鳥は6属21種しかいない。生息地も限定的。

01　インコもオウムも「インコ目インコ科」だった

　インコとオウムの違いがおわかりでしょうか？

　まず、インコもオウムもオウム目の鳥で、インコはインコ科、オウムはオウム科となります。動物を分類する学問は、近年著しく発展しています。鳥類の分類に関しても同様で、少し前までは「オウム目」という分け方をせず、「インコ目インコ科」というグループにインコもオウムも含まれると分類されていました。今後も新しい発見や新説が発表されて、分類は変わるかもしれません。

　日本では、体の大きいものがオウム科、小さいものがインコ科だと思われがちですが、必ずしもそうではありません。たとえば、3歳児並みの知能があるともいわれるヨウムは大型でいかにもオウムの仲間のようですが、じつはインコ科の鳥です。逆に、人によくなつきペットとして人気のオカメインコは、「インコ」とつきますがオウム科となります。

02 冠羽の有無で見分けがつく！

　見た目からインコとオウムを区別するには、頭の上に生えている飾り羽「冠羽」の有無が手掛かりになります。冠羽があるのがオウムで、ないのがインコということです。インコ科の鳥には、この冠羽がありません。つまり、頭に冠羽があればオウム科、なければインコ科ということになります。

　この冠羽は、「羽冠」「冠毛」などとも呼ばれます。鳥の種類によって、冠状だったり、扇状だったりとさまざまですが、感情や精神状態の変化に応じて「動く」という特徴があります。警戒したり興奮したりしているときは冠羽がピンと立ったり、大きく開いたりしますが、リラックスしているときなどはペタンと寝かせます。

03 くちばしと脚はどうなっている？

　インコもオウムも、くちばしはカギ状になっています。上のくちばしと下のくちばしは、それぞれ別々に頭骨とつながっているので、独立した動きができるのが特徴です。そのため、毛づくろいのようなデリケートな動作もできるし、かたい木の実の殻を割るほどの力も出せます。さらに、両脚と合わせてくちばしを"第三の脚"のように働かせて、器用に移動することもできるのです。

　また、くちばしのつけ根部分には「蝋膜」という肉質の部分があります。セキセイインコなどは、この蝋膜の色によりオスとメスを見分けることもできます。個体差はありますが、青っぽければオス、ピンク系〜白っぽいとメスです。

　また、インコもオウムも肉質の脚をもっています。指は前向きに２本、後ろ向きに２本で、合計４本あります。これは、前３本、後ろ１本のものが多いほかの鳥には見られないインコ・オウムの特徴といえます。この指で枝をしっかり握るようにして木の枝にとまることができます。そして、

インコよりもオウムのほうが総じて力強く立派なつくりをしています。片方の脚で木の枝につかまり、もう片方の脚で木の実をつかんで口に運ぶ、といった器用な動きができるのです。

04 体の中の違い

インコとオウムは外見だけでなく、体の中にも違いがあります。

オウム科の鳥にはあって、インコ科の鳥にはない器官があります。それは「胆嚢」です。胆嚢は、肝臓から分泌される消化分泌液である「胆汁」を貯蔵・濃縮する器官です。

では、インコは胆汁が出ないのかというと、そういうわけではなく、胆汁は肝臓から分泌されるため、胆嚢がなくても生きていけるのです。これは、インコとオウムでは食べるものが違うことのほか、大型の種が多いオウムは食べる量も多いので、胆汁分泌の器官である胆嚢を獲得した、などの理由があるのかもしれません。

05 住んでいる場所が意外と違う

インコ科の鳥は、オーストラリア、ニューギニア、アジア、アフリカ、アメリカなどに多くの種類が住んでおり、ポリネシアあたりまで幅広く分布しています。ただし、生息範囲の限られた種もいて、インコ科の鳥でもっとも分布が狭いのはムネムラサキインコです。南太平洋に浮かぶ「ヘンダーソン島」だけで見られます。

一方で、オウム科の鳥は生息地が限られています。そもそも種類がたった21種類しか報告されておらず、そのほとんどはオーストラリアに生息しています。それ以外だと、ニューギニアやタスマニア、ニュージーランドなどに生息しています。

日本にはインコもオウムも自然分布しませんが、もともとペットだった

インコとオウム　63

ものが野生化した例があります。最近では、都心でワカケホンセイインコという緑色のインコの目撃が相次いでいます。

【コラム】でもやっぱりまぎらわしい、インコとオウム

　ここでは、「オカメインコはじつはオウム」のように、意外性のあるものをまとめます。

　オーストラリアなどで見られる「モモイロインコ」は、インコとついていますがオウム科の鳥です。あまり目立ちませんが、ピンク色で短い冠羽がきちんとあります。

　逆に、「フクロウオウム」や「ミヤマオウム」は冠羽の有無で見分けるとインコということになりますが諸説あり、さまざまな議論がなされています。もしかすると、研究の結果、「オウム目フクロウオウム科」「オウム目ミヤマオウム科」などとして再分類されるかもしれません。

　このように、分類学の変遷により、オウム科の鳥なのに名前が「〜インコ」、インコ科の鳥なのに名前が「〜オウム」になっている鳥がたくさんいるのです。

ちょっと一息　動物川柳 ④

寝て起きて
気持ちを伝える
アタマの毛

オウムの仲間は、頭の毛（冠羽）で気持ちを伝えます。

Cynoclub / Shutterstock.com

インコとオウム　65

第**2**章

海や水辺の
生き物

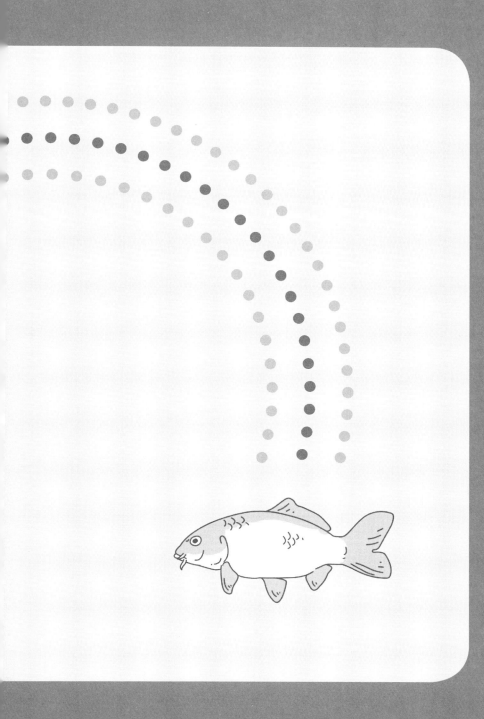

細スナメリ、太シロイルカ♪

体はどんな形?

START

スナメリ		シロイルカ
同じぐらいか、やや大きい ←	**人間と比べて大きさは？** →	かなり大きい

スナメリは2mを超えることはほとんどないが、シロイルカは最小でも3m以上。

| スマートで細長い ← | **体はどんな形？** → | 太めの円筒形 |

スナメリはスマートな体型だが、シロイルカは全体的に太め。

| ややとがり気味 ← | **胸ビレは？** → | 丸っこい |

翼のように見えるのが胸ビレ。よく似ているが、先端の形が違い、スナメリのほうがとがっている。

| 変わらない ← | **顔の表情は変わる？** → | 表情豊か |

シロイルカは、くちびるがよく動き、顔の表情がよく変わる。スナメリは笑ったような口元だが、表情がさほど変わらない。

| ほぼ無音 ← | **どんな声？** → | さまざまな音 |

スナメリは人間には聞き取りにくいホイッスル音を出す。シロイルカは人間の声マネができると言われるほどさまざまな音を出す。

わかったかな？

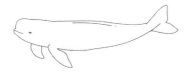 

スナメリ
科目：ネズミイルカ科
生息地：アジアの沿岸海域
体長：140〜165cm

シロイルカ
科目：イッカク科
生息地：ロシア北部やグリーンランド、北アメリカ北部
体長：300〜500cm前後

背ビレはないが、背側の中央あたりに畝のような突起がある。体色は薄めのグレー。

子どものころは暗めのグレーから赤褐色をしているが、成長にともないグレーになり、大人になると白くなる。

01　小さなスナメリ、大きなシロイルカ

　スナメリとシロイルカは一見するとよく似ており、ともに「背ビレがない」という共通点があるため、外見から見分けるのは難しそうですが、ポイントを押さえれば大丈夫です！

　そもそも、この2種は別の科に属します。スナメリはネズミイルカ科、シロイルカはイッカク科です。ネズミイルカの仲間は、ほかのイルカと違って、くちばしがないのが大きな特徴。また、総じて小型で、成長しても体長が2mを超えることはほとんどありません。一方、シロイルカは大きめで3〜5mにもなります。

02　姿は似ていても分布域がまったく違う！

　スナメリは比較的暖かな海域に生息します。日本の沿岸海域が北限で、日本では伊勢湾や三河湾などでたびたび目撃されます。

　スナメリが住むのは海岸近くの浅い海や河口などですが、シロイルカは寒い海に住む生き物です。シロイルカは北極をぐるりと取り巻くように分布しており、季節に応じて北極周辺の氷のないエリアのあらゆる海域に出没します。

　このことから、スナメリとシロイルカは分布域がまったく異なるので、

「暖かな海域で、背ビレのない小型のイルカかクジラ（鯨類）を見かけたら、ほぼ間違いなくスナメリ」と断言できます。スナメリの分布域では、ほかに似たようなイルカやクジラの仲間はいません。

03　丸い頭と明るめの体色が人気のポイント

　スナメリとシロイルカは、どちらも水族館の人気者です。濃いグレーなど、暗めの体色をしている種類が多いほかのイルカと違い、全身が白っぽく明るい色をしていること、ほかのイルカのようにくちばしがなく、丸い顔をしていることが人気のポイントでしょう。

　スナメリは若いころは白〜グレーの体色ですが、加齢とともに体色がやや黒っぽくなります。シロイルカは、名前の通り、全体的に白っぽいのが特徴ですが、生まれたばかりのときは濃いめのグレー。成長とともに色が薄くなっていき、12歳ぐらいまでにはすべての個体が白色になります。

04　どちらもかわいい丸顔だが、口元がちょっと違う

　スナメリは「スナメリスマイル」と呼ばれる、口角が上がったような口元が特徴的です。水族館で暮らす若いスナメリは好奇心が旺盛で、カメラを向けると「それはなあに？」というような顔でのぞき込んでくることがあります。そんなタイミングでスナメリの顔を正面から見ると、本当に微笑んでいるようで、こちらも笑ってしまいます。

　シロイルカは、くちびるを自由に動かすことができるため、さまざまな口の形を作って音を出し分けます。これにより、仲間同士で情報交換をしているといわれています。また、歯を見せたり、歯をカチカチと鳴らしたりして相手を威嚇することもあります。

　スナメリは本来、臆病な性格ですが、若い個体や水族館生まれの個体は好奇心旺盛で、前述のようにカメラによってきたり、口に含んだ空気を輪っ

か状にして吐き出す「バブルリング」を作って遊んだりすることが知られています。シロイルカも遊びが好きで、自然界では流木や動物の死体などで遊んだりします。また、くちびるがスナメリ以上に器用なので、バブルリングももちろんできます。

05 違いをさらに細かに見ていくと……

スナメリとシロイルカには食の好みにも違いが見られます。

スナメリは小型の魚やエビ類、タコなどを食べます。自然下では、海底付近でえさを探して食べることが多いようで、水族館でも水槽の底面あたりでの摂食行動が観察されています。そのため、水槽の底に沈んだ異物を飲み込むことがあります。「3頭のスナメリが瓶のフタを飲み込んで死亡し、そのうち1頭の胃から57個ものフタが見つかった」ということもあったそうです。シロイルカは魚類や軟体動物、動物プランクトンなど、きわめて幅広い種類の生物を食べますが、魚類が主な食物のようです。

この動物も似ている……イッカク

イッカクは北極圏の海に住むクジラの仲間。クジラの中でも「ハクジラ」というグループに属しており、歯があります。その名の通り、1本の長いツノが生えていますが、これは前歯が長く伸びたものだといわれています。

このイッカクはシロイルカの近縁といわれています。生息域も似ており、「背ビレのない鯨類」というところも共通です。イッカクとシロイルカを見分ける方法は、「イッカクは泳ぎが早く、シロイルカはゆっくりめ」ということになります。イッカクには大きなツノがあるので、たいていは目視でわかりますが、あまりに素早いため、泳ぎのスピードで見分ける方法が確実でしょう。

ただ、残念なことに、イッカクは日本どころか世界のどこの水族館でも飼育されておらず、生態を見ることはできません。日本では骨格標本が「千葉県立海の博物館」に所蔵されているのみです。

イルカ水平、サメ垂直♪

尾ビレのつき方に注目

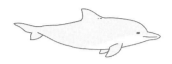
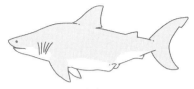

イルカ（バンドウイルカ）
科目：鯨偶蹄目マイルカ科
生息地：北極や南極を除く世界中の海域
体長：2～4m
体重：150～650kg

バンドウイルカ（ハンドウイルカ）は、水族館でもっとも多く見ることのできる種類の一つ。体色は全体的に濃いグレー。

サメ（ホホジロザメ）
科目：ネズミザメ目ネズミザメ科
生息地：太平洋、インド洋、大西洋の一部
体長：4～6m以上
体重：1000～2000kg

サメといったら、映画『ジョーズ』に登場した凶悪な人喰いザメ。あのサメがホホジロザメだが、常に人をねらっているわけではない。

01 背ビレは似ている……ではエラやウロコは？

　もしもイルカとサメが並んで海面から背ビレをのぞかせていたら、どちらがイルカで、どちらがサメか、見分けがつかないかもしれません。人懐っこいイルカと、凶暴な種類もいるサメ。さて、どうやって見分けるのでしょう？

　まず、どちらも海に暮らす生き物ですが、イルカは哺乳類で、サメは魚類という大きな違いがあります。サメが魚類ということは、食卓でもおなじみのアジやサバなどと同じ仲間ということになります。そのため、エラもあるしウロコもあります。よく、潤いのないザラザラした肌のことを「サメ肌」などと呼びますが、サメの背中部分にはウロコがあるので、さわるとザラザラしています。水族館のふれあいプールなどで、温厚なネコザメなどをさわれるところがあるので、ぜひ一度試してみてください。

02 イルカとサメの呼吸の話

　サメにはほかの魚と同様にエラがあり、エラには水を排出する穴が開いています。この穴のことを鰓孔（さいこう・えらあな）と呼びます。サメのエラには右と左に5～7もの穴が開いていますが、普通の魚は左右に穴が一つずつ。普通の魚のエラの穴はフタ状になっており、閉じたり開い

イルカとサメ　73

たりするので鰓蓋と呼ばれます。これに対してサメのエラの穴は、穴がぽっかり開いて、その奥にエラがあるという、とても原始的なつくりをしています。この鰓孔は水の出口という役目があり、薄い膜を通して血液中に酸素を取り込み、二酸化炭素を排出する働きをしています。

　さて、イルカの呼吸はというと、イルカは哺乳類なので、人間と同様に肺で呼吸を行なっています。普段は水中で生活していますが、定期的に空気を取り入れないと、呼吸ができずに死んでしまいます。そのためイルカの頭頂部には呼吸のための穴が開いており、この穴から空気を取り入れて肺に送ります。この穴のことを噴気孔などと呼びます。

03　泳ぎ方が全然違う！

　イルカは哺乳類、サメは魚類。このことから、体のつくりや泳ぎ方はまったく違います。

　イルカの尾ビレは地面に対して水平になっていますが、サメは垂直です。淡水魚、海水魚ともに魚は尾ビレをヨコにヒラヒラさせて泳ぎますが、サメも同様です。一方イルカは、尾ビレをタテに動かして泳ぎます。それぞれの泳ぎ方（体の動かし方）に適した向きになり、イルカの尾ビレは水平、サメの尾ビレは垂直になり、水中でより強い推進力を得ることができるのです。

　イルカの泳ぎ方を人間がマネして編み出したのが「ドルフィンキック」という、体をタテに使う泳ぎ方です。

04　ヒレの種類、数を対比してみよう

　イルカの体には魚と同様に、胸ビレ、背ビレ、尾ビレがあります。魚のヒレには骨が入っていますが、イルカは胸ビレ以外の背ビレや尾ビレには骨が入っていません。骨の入っていないヒレは、皮ふが変化してできたものだといわれています。

サメは、イルカにもある胸ビレ、背ビレ、尾ビレのほか、腹ビレ、尻ビレがあります。背ビレはイルカには一つしかありませんが、サメには2つあり、2つめの背ビレのことを「第二背ビレ」と呼びます。第二背ビレは、泳ぐときに水の抵抗を減らす働きがあります。腹ビレは体の後部を支える役割、尻ビレは第二背ビレと同じような役割を果たします。

05 イルカのメロン VS サメのロレンチーニ

イルカには、自分が発した音が何かに当たってはね返った音を聞いて、そのものの位置や形、方向などを探知する「エコーロケーション」という能力があります。このエコーロケーション能力において重要な働きをすると考えられているのが、おでこ部分にある「メロン」と呼ばれる器官です。このメロン器官は音をよく伝える性質をもつ脂肪でできており、イルカが発した音を効率よく放つ働きをします。ちなみに反射音は下アゴで受け止めます。

サメには、"サメの第六感" などとも呼ばれる能力があり、これにはサメの吻部（口先）にある「ロレンチーニ瓶」という感覚器官が関わっています。吻部の周りに小さな穴が開いており、中にはゼリー状の物質が詰まっています。この器官は、ほかの動物が発する微量の電気を感知する働きがあり、これにより砂の中に隠れた獲物を探すことができます。

> ### この動物も似ている……クジラ
>
> 「サメとイルカ」以上に、「イルカとクジラ」の違いもわかりにくいもの。イルカとクジラはとても近い仲間同士で、その違いは大きさだけ。3m以上をクジラ、3m以下をイルカとしています。ですが、これとは別の考え方もあり、4～5m以上／以下で分けるべきという説もあるなど、基準は意外とあいまいです。たとえば、体長が5m以下のゴンドウクジラの仲間をクジラに分類することもあります。
>
> また、クジラには歯のあるハクジラと、歯のないヒゲクジラの2種類があり、イルカと呼ばれるのは、ハクジラの中でも体が小さいものです。

イルカとサメ　　**75**

ジュゴン
科目：海牛目ジュゴン科
生息地：太平洋やインド洋の北緯30度〜南緯30度の間。オーストラリア沿岸に多い。日本では沖縄近海。
体長：2.5〜3m 体重：300〜400kg

アザラシ類と似ているが、近蹄類から派生し、ゾウなどと近縁。

マナティー（アフリカマナティー）
科目：海牛目マナティー科
生息地：西アフリカ
体長：3.7〜4.6m
体重：約1600kg

口は上向きについており、水面に浮いている水草を食べるのに向く。飼育下ではレタスなどの野菜も食べる。

01　海水か淡水か、それが問題だ

　ジュゴンとマナティー。ほかの海生哺乳類とよく似た、流線型のプロポーションですが、大きな違いがあります。それは、住んでいる場所です。ジュゴンは暖かい海域で暮らしますが、マナティーは淡水域や河口付近の汽水域（海水と淡水が混じる場所）で暮らします。

　また、尾ビレの形も明確に違い、ジュゴンはクジラやイルカと似た三角形で、ジュゴンは丸みのあるしゃもじ形をしています。

02　口の向きは上と下。その違いは？

　ジュゴンとマナティーを見分けるとき、大きな手掛かりになるのが口の向き。ジュゴンの口は下向きで、マナティーの口は上向きになっていることを覚えておきましょう。

　口の向きは、食べ物や食べ方の違いに関係しています。口が下向きについているジュゴンの主食はアマモなどの海草です。ジュゴンは全身を海底につけ、前のヒレを前脚代わりに使って前進しながら海草を勢いよく食べ

ジュゴンとマナティー　77

ていきます。ジュゴンは平べったく大きな口をしているので、一度に大量の海草を食べることができます。まるで牛が草を食むようすと似ており、ジュゴンが海草を食べた跡には「フィーディングトレイル」と呼ばれる浅い溝（食べ跡）がつきます。

　一方、口がジュゴンと比べて上向きについているマナティーは、水面に浮いている水草を食べます。あれだけの巨体を水草だけで維持しているのはなんとも不思議ですが、そのヒミツは胃や腸の吸収能力や食事量にあります。マナティーは一日中水草を食べ、大量の栄養を取り込みます。食べたものは長い腸管で効率よく消化・吸収するため、わずかの栄養からでも多くのエネルギーが得られるのです。

　ジュゴンもマナティーも大食漢ですが、マナティーはレタスなどの野菜も食べてくれるので、水族館などで飼育する場合でも食費はそれほどかからないそうです。一方のジュゴンは、アマモなどの特種な海草で、鮮度のいいものしか食べないという偏食ぶり。それに1日10kg以上食べるため、年間のえさ代は数千万円にもなるというウワサ……。

03　ジュゴンとマナティー、性格とキバのお話

　ジュゴンもマナティーも草食性で、おだやかでおとなしい性格。仲間意識も強く、助け合いながら暮らしています。敵に遭遇したときは、身を守ったり攻撃したりするためのツノやキバはないので、ただ大きな体で鈍重に逃げるだけです。ただ、正確にいえばマナティーにはキバはありませんが、ジュゴンにはあります。とはいえ、キバの大部分が歯肉の中に埋もれているため、外からはほとんど見えません。

　ジュゴンとマナティーがおっとりして好奇心旺盛な性格をしているのは、人間以外に天敵がほとんどいないからです。そのため、早く泳いで逃げたり、ツノやキバなどの武器で相手と戦ったりする必要があまりないのです。マナティーにいたっては、あまりに動きがスローなので、皮ふにコケが生えたりフジツボがついたりするほどです。ちなみに、ジュゴンには

まばらに体毛が生えており、スベスベしています。

04　ジュゴン、マナティー、人魚はどっち？

　世界中に"人魚伝説"があります。日本ではジュゴンが人魚のモデルになったといわれていますが、西洋では人魚のモデルはマナティーだといわれています。ジュゴンもマナティーもずんぐりむっくりした体型で、人魚とはかけ離れているように思えます。メスが直立姿勢で子どもを抱えるように授乳する姿が、人魚を連想させるという説もありますが、定かではありません。

この動物も似ている……ゾウ

　ジュゴンとマナティーは、ともに海牛目に分類されます。「海の牛」と書きますが、ウシではなく、ゾウと近い関係にあります。

　その証拠に、ジュゴンやマナティーの歯はゾウの歯とよく似た構造をしています。人間の歯は、歯の下から新しい歯ができて生え変わりますが、ゾウの臼歯は、奥から前に向かって新しい歯ができて、使い古した前の歯が抜け落ちるのです。ジュゴンやマナティーも似たような仕組みになっているようです。

　ジュゴンやマナティーの共通の祖先は4本脚の陸上動物で、敵から逃げるために海で暮らしはじめ、それが海牛目に進化していったと考えられています。

ジュゴンとマナティー　　79

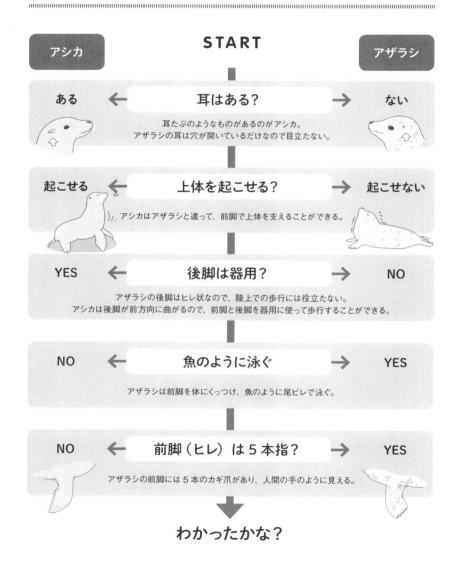

アシカ（カリフォルニアアシカ）
科目：食肉目鰭脚類アシカ科
生息地：アメリカ（カリフォルニア州北部）からメキシコにかけての西岸
体長：オスは 2.2 〜 2.4m、メスは 1.8 〜 2m
体重：オスは 250 〜 350kg、メスは 80 〜 110kg

オスはメスよりひと回り、ふた回りぐらい体が大きい。また、オスのほうがやや精悍な顔つきをしている。

アザラシ（ゴマフアザラシ）
科目：食肉目鰭脚類アザラシ科
生息地：アラスカから日本の北海道周辺にかけてなど
体長：約 1.5m
体重：85 〜 90kg

アシカと違って、オス・メスの見た目の違いはあまりない。生まれたばかりのころはフワフワの白い毛皮に包まれているが、数週間で大人のようなゴマ模様になる。

01　歩きが上手なアシカ、イモムシのように動くアザラシ

　水族館や動物園の人気者、アシカとアザラシ。どちらも4本の脚がヒレのようになっていることから、「鰭脚類」に分類されます。このヒレのようになった脚のため、アシカやアザラシは海の中で自由自在に泳ぎ回ることができるのです。
　アザラシよりもアシカのほうが前脚が大きいため、アシカは陸上でもこの前脚と後脚を使ってスイスイと歩くことができますが、アザラシは陸上での移動は苦手という違いがあります。アザラシが移動するときは、前脚とお腹を使って全身を上下にくねらせながらイモムシのように進んでいくのでスピードが出ません。

02　前脚で泳ぐアシカ、後脚で泳ぐアザラシ

　アシカとアザラシは、水中での泳ぎ方も違います。まず、アシカは翼を羽ばたかせるように前脚を動かし、水をかきながら泳ぎます。このとき後脚はあまり動かすことはなく、かじの役目を果たす程度です。一方、アザラシが泳ぐときには、陸上移動のときにはほとんど役に立たなかった後脚が大活躍。バタ足のように後脚を左右交互に動かして、強い推進力を得ま

アシカとアザラシ　　81

す。前脚はかじの役目です。

　さすがは海で暮らしているだけあって、アシカもアザラシも泳ぐスピードは速く、時速30kmぐらいになることも。さらに、潜水力も抜群です。アシカとアザラシは肺呼吸をする哺乳類なので、ずっと潜水していられるわけではありませんが、水深300mぐらいまで潜ることができるといわれています。アシカは15分、アザラシは20〜30分ぐらいは呼吸を止めて潜っていられるようです。このとき、アシカもアザラシも、鼻の穴をピッタリと閉じて、水が肺に入ってこないようにできるのがすごいところ。

　なお、野生のアシカは水面を飛び跳ねながら泳ぐ「ポーパシング」という泳ぎ方をします。水族館で開催しているアシカショーで、アシカが輪くぐりをするのは、このポーパシングという行動を強化した結果なのです。

03　性格も意外と違う

　皮下脂肪をたっぷりたくわえたアザラシは、シャチやホッキョクグマなどの敵にねらわれやすく、いつもビクビクしています。そのため非常に神経質な性格をしています。水族館生まれの個体や若い個体は、人間を警戒しないこともありますが、本来は警戒心の強いデリケートな生き物なのです。水族館などでは、トレーニングにより、合図で飼育員にキスをしたり、お客さんにさわられてもパニックにならないようになり、パフォーマンスができるようになりました。

　これに対してアシカは好奇心が旺盛で、観客が少ない日は水槽のガラス越しに人間にチラチラと視線を送ったり、小さい子を追いかけて遊びに誘うようなしぐさを見せたりすることがあります。そういうときは、白っぽいハンカチやノートなどをひらひらさせると興味を持って追いかけてくることもあります。

04 うらやましい!?　アシカのハーレム

　アシカの世界は一夫多妻制。繁殖期には、力の強い1頭のオスが多くのメスを従える「ハーレム」という集団を作ります。オスは集団の中にいるすべてのメスと交尾ができますが、なかなかの重労働のようで、繁殖期が終わるころには体重が3分の1程度になってしまうオスもいるのだとか。ちなみに、アザラシは明確なハーレムではなく、なんとなく集まるゆるやかなコロニー（集団）を作って繁殖をします。

　ハーレムやコロニーは、陸上移動があまり得意でないアシカやアザラシが、繁殖を確実に成功させるために編み出した、種の繁栄の秘策というところかもしれません。

この動物も似ている……オットセイ

　アシカ、アザラシ、オットセイ。「どれも似た姿で見分けがつかない」という人も多いのでは？　ここでおさらいですが、アシカとアザラシは「耳たぶの有無」で見分けがつきます。さて、オットセイは？

　オットセイはアシカと同じ「アシカ科」のため、耳たぶがあります。ですが、オットセイのほうが耳たぶが体に対して大きめです。また、アシカもオットセイも全身が毛で覆われていますが、オットセイのほうが毛深く、特に首の周りがモサモサとしています。さらに、後脚のヒレが長く、ヒレ先がきれいに揃っています（アシカは不揃い）。

　このように、総じて、オットセイのほうがワイルドな印象です。そのためか、オットセイのペニスは精力強壮剤として売られているほど……。

アシカとアザラシ　**83**

かたい**カメ**、やわらか**スッポン**♪

甲羅はやわらかい？

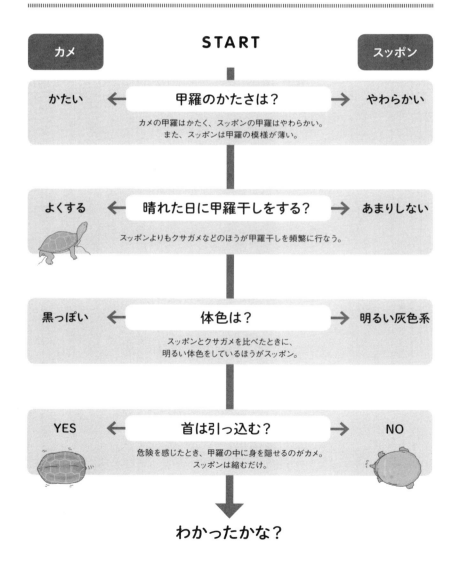

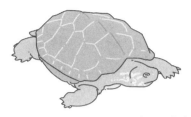

カメ（クサガメ）
分類：カメ目イシガメ科
生息地：朝鮮半島、中国
体長：背甲長は最大でオス20cm、メス30cm

日本でもなじみのあるカメだが、18世紀末に移入されたといわれている。

スッポン
分類：カメ目スッポン科
生息地：ベトナム南部から中国大陸沿岸部、台湾、ロシア極東地域、日本など
体長：背甲長は最大で35cm

食用のため台湾などから直接または間接的に持ち込まれたといわれている。

01　カメもスッポンもカメ目の生き物

　カメはおよそ2億年前に出現したとされ、もっとも古い爬虫類の一つといわれています。カメには陸上で生活する「リクガメ」と、水辺で生活する「水生ガメ」がいますが、カメの仲間はすべて甲羅をもっています。
　ここでは「カメとスッポン」というよく似た同士の見分け方をお教えします。ともにアジアではなじみのあるカメで、中国や台湾、韓国や日本、東南アジアなどに生息しています。
　カメにはたくさんの種類があるので、日本でもっとも身近な「クサガメ」を例に挙げて比べていくことにしましょう。
　まず、分類的には、クサガメもスッポンもカメ目の生き物。この先が違っており、クサガメは「イシガメ科」、スッポンは「スッポン科」です。ちなみに、カメの仲間は爬虫類なので、ヘビやトカゲとも同じグループとなります。でも、不思議と、爬虫類に対して苦手意識があっても「カメはかわいい」と思う人は少なくないようです。

02　同じカメの仲間でも甲羅が違う

　さて次に、見た目の違いをじっくり見ていきましょう。

　まず、色の違いは明らかです。クサガメは黒めの体色で、スッポンは明るい灰色の体色をしています。もちろん個体差はありますが、これでだいたい見分けられるでしょう。

　そしてもっともわかりやすく、見比べておもしろいのは甲羅です。甲羅は、捕食者の攻撃から身を守ったり、敵の目を欺く保護色として働いてくれたりします。

　カメの仲間でも、スッポンは甲羅が角質化していません。実際にさわってみると、ほかのカメのようなかたさはなく、やわらかい感触です。この点からすでにとても珍しく、変わったカメといえます。また、危険を感じたとき、ほかのカメのように体を甲羅の中に完全に隠すことができません。

　これに対し、クサガメやそのほかの一般的なカメは角質化、硬質化した甲羅をもっています。

03　スッポンのほうが泳ぎが得意

　クサガメは水中でも地上でも生活できます。そのため、天気のよい日には水から上がって、石の上などで甲羅干しをする姿をよく見かけます。

　スッポンも、クサガメなどのほかのカメと同様に水陸どちらでも生活できますが、どちらかというと水中での生活を中心にしています。とはいえ爬虫類なので、空気中から酸素を取り込んで呼吸しなければなりません。そのため、首を長く伸ばして口先を水上に出しやすい体になっています。ほかのカメと比べて甲羅がやわらかいのも、水中でスムーズに泳ぐためです。つまり、全体的に泳ぎに適した体型となっているのが特徴です。

　ちなみに、スッポンも皮ふ病予防などのために甲羅干しをする習性はありますが、ほかのカメほど頻繁に行なうことはありません。

04　スッポンはかみついたら離さない？

　スッポンといえば、「かみつかれたら雷が鳴るまで離さない」などという話があります。これについては、「かみつく力はそれなりに強いが、かみついていられる時間はせいぜい1分ほど」というのが真相です。ちなみに、スッポンにかみつかれたら「水の中に入れる」ことで、簡単に離してくれるので、雷が鳴るまで待つ必要はありません。

　スッポンは恐怖を感じて威嚇するためにかみついているだけなので、自分のフィールドである水中に逃げ込めたら、得意の泳ぎで一目散に逃げて、身の安全を確保します。

この動物も似ている……スッポンモドキ

　名前も姿もスッポンそっくりの「スッポンモドキ」という生き物をご存じですか？　スッポンモドキは、カメ目スッポンモドキ科です。ちなみにおさらいですが、スッポンはカメ目スッポン科。

　まず、一番の違いは生息域です。スッポンは中国や日本をはじめとするアジアで見られますが、スッポンモドキはオーストラリアを中心に、パプアニューギニアやインドネシアに生息するという違いがあります。

　見た目の違いはあまり明確とはいえませんが、スッポンモドキの鼻はブタのような愛嬌のある形をしています。スッポンモドキは「ブタバナガメ」や「ピッグノーズタートル」などと呼ばれることもあり、鼻は見分けの際のわかりやすい目印になります。それに比べると、スッポンの鼻は細く、穴のある面が広くないので、ブタのようには見えません。

　また、スッポンはまれに日光浴することもありますが、スッポンモドキは完全に水の中で暮らす種類。陸に上がるのは産卵のときだけです。

カメとスッポン　　**87**

左ヒラメに、右カレイ♪

目の場所はどこ？

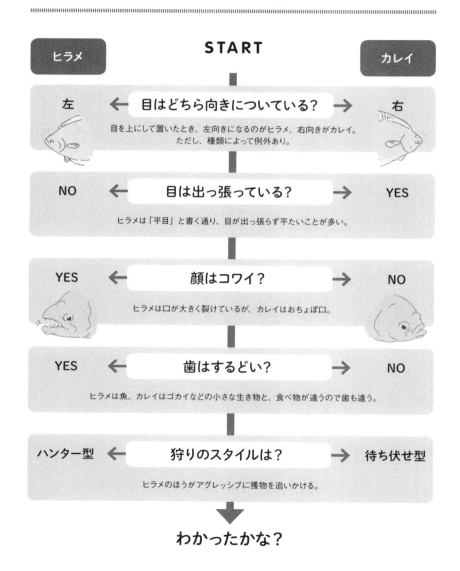

START

ヒラメ		カレイ
左 ←	目はどちら向きについている？ →	右

目を上にして置いたとき、左向きになるのがヒラメ、右向きがカレイ。ただし、種類によって例外あり。

| NO ← | 目は出っ張っている？ → | YES |

ヒラメは「平目」と書く通り、目が出っ張らず平たいことが多い。

| YES ← | 顔はコワイ？ → | NO |

ヒラメは口が大きく裂けているが、カレイはおちょぼ口。

| YES ← | 歯はするどい？ → | NO |

ヒラメは魚、カレイはゴカイなどの小さな生き物と、食べ物が違うので歯も違う。

| ハンター型 ← | 狩りのスタイルは？ → | 待ち伏せ型 |

ヒラメのほうがアグレッシブに獲物を追いかける。

わかったかな？

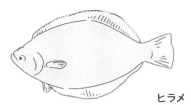

ヒラメ
科目：カレイ目ヒラメ科
生息地：太平洋、インド洋、大西洋
体長：100cm前後

カレイ目に分類されるためカレイとよく似ているが、カレイより口がかなり大きい。

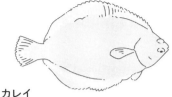

カレイ
科目：カレイ目カレイ科
生息地：太平洋、インド洋、大西洋
体長：マコガレイで50cm前後

浅い海で暮らす種、深海で暮らす種、淡水と海水が混じるあたりに暮らす種などがいて多種多様。

01 左ヒラメに、右カレイ

「左ヒラメに、右カレイ」という言葉がありますが、これはよく似ていて見分けがつきにくいヒラメとカレイを「目」の向きで見分ける方法。つまり、左側に2つの目があるのがヒラメで、右側に2つの目があるのがカレイということです。

また、ヒラメとカレイの目の話になると、ヒラメは「平目」と書く通り、カレイに比べて目が出っ張っておらず平べったい印象です。これは、身を隠すときに砂の中に潜るのではなく、体色を周りの色に擬態する習性のため。目が出っ張っていたら、せっかく保護色になっても敵に見つかってしまうため、いまのような形質を獲得したのでしょう。保護色になるのはえさを捕るのにも有利です。ヒラメは、えさの魚を発見したら海底からヒラリと舞い上がって追いかけてつかまえるという"攻める"狩りをします。一方のカレイは、砂の中に身を潜めて、出っぱった目を砂から出して偵察し、えさが近づいてくるのを待つ"待ち伏せ型"の狩りをします。

また、目の話でいえば、ヒラメは黒目がなんとハート型！ものすごくクローズアップで見たとき限定ですが、意外と知られていない見分け方法です。

02 高級魚・ヒラメ、大衆魚・カレイ

　えさを追いかけ攻めていくヒラメと、あまり動かずえさを待ち伏せるカレイ。ヒラメはカレイよりも運動量が多くなるので、筋肉がぷりっと引き締まっています。ちなみに、カレイはあまり運動しないので、筋肉がプヨプヨ。そのため、ヒラメは刺身で食べると身の弾力がすばらしく、タイと並んで"白身魚の王様"とも呼ばれることも。とはいえ、火を通すとかたくなり、せっかくの歯応えが台なしになります。まさに、刺身や寿司ネタ向きの魚といえます。その反対に、カレイは刺身で食べるにはイマイチですが、煮つけやから揚げなどの加熱調理をすると、身がふわふわ、ほくほくになって美味。

　また、ヒラメは元気に泳ぐ魚を食べますが、カレイはゴカイやイソメのような小さな生き物を食べます。いきのよい魚を食べて、身にうまみを十分たくわえたヒラメのほうがおいしい、という結果になっているのかもしれません。

　さらに、ヒラメが高級魚としてもてはやされているのは、料理の盛りつけの作法のため、という理由もあります。日本料理では尾頭つきの魚料理を出すとき、頭は必ず左向きにします。ヒラメは理想的な左向きですが、カレイは頭が右向きになってしまいます。魚の頭を右に向けるのは葬儀などの不祝儀を連想させて縁起が悪いので、カレイを出すときは腹側を表にして、目の位置に南天の実を置くなどの盛りつけ方法があるそうです。

03　人気寿司ネタのエンガワの話

　ヒラメが活発に動けるのは、ヒレを動かす筋肉が発達しているからです。人気寿司ネタに「エンガワ」というものがありますが、これは、ヒラメのヒレを動かす筋肉のことです。

　とはいえ、ヒラメは高価なので、回転寿司などでは「カラスガレイ」や巨大な「オヒョウ」などのカレイの仲間のものをエンガワとして使ってい

ることが多いのだとか。

04 目の位置が違うのは "脳のねじれ" のせい!?

　東北大学の鈴木徹教授が、「ヒラメとカレイの目のつきかたが違うのは、脳のねじれによるものだ」ということを発見しました。簡単にいうと、「位置決定遺伝子」のためです。ちなみに、人間の心臓が左側にあるのも、この位置決定遺伝子によるものということになります。ヒラメもカレイも生まれたときは目の位置も含め左右対称なのですが、生まれて 20 ～ 40 日ぐらいの間に「目がねじれる方向を決める遺伝子」が働くことにより、目の位置が右に寄ったり左に寄ったりするのです。カレイを遺伝子操作することで、目が左向きになったり（ヒラメと同じ向き）、左右対称になったりしたそうです。

> ### この動物も似ている……ウシノシタ
>
> 　シタビラメ（ウシノシタ）も、ヒラメやカレイのように平たい体をしています。その名の通り、牛の舌のように細長い体をしているので、ヒラメやカレイとの見分けは簡単ですが、「左ヒラメ、右カレイ」の原則に当てはめるとややこしくなります。なぜなら、ウシノシタ科の仲間は基本的に左を向いていますが、近縁のササウシノシタ科の仲間は基本的に右を向いているからです。
> 　大きさを比べてみましょう。ヒラメは 1m 近くまで成長しますが、シタビラメの仲間は小さめで、最大級のササウシノシタ科、フランス料理の高級食材ドーバーソールでも、せいぜい 60cm ぐらいまでしか成長しません。これは口の大きさや食べ物にも関係します。ヒラメは大きな口をもち、魚や甲殻類を食べて大きくなりますが、シタビラメの仲間は口が小さかったり曲がったりしていて、小さな甲殻類やゴカイなどの軟体動物、貝類などを主食とするため、それほど大きくなりません。

ヒラメとカレイ　　91

光るキンメダイ、光らないキチジ♪

目が光る？

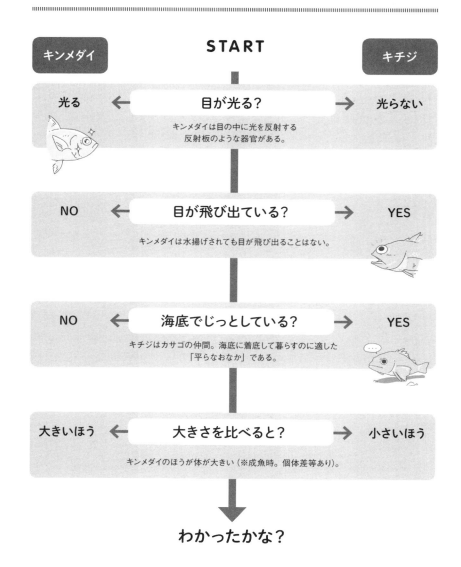

START

キンメダイ / キチジ

目が光る？
光る ← → 光らない
キンメダイは目の中に光を反射する反射板のような器官がある。

目が飛び出ている？
NO ← → YES
キンメダイは水揚げされても目が飛び出ることはない。

海底でじっとしている？
NO ← → YES
キチジはカサゴの仲間。海底に着底して暮らすのに適した「平らなおなか」である。

大きさを比べると？
大きいほう ← → 小さいほう
キンメダイのほうが体が大きい（※成魚時。個体差等あり）。

わかったかな？

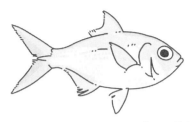
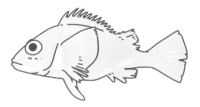

キンメダイ
分類：キンメダイ目キンメダイ科
生息地：太平洋、大西洋、インド洋、地中海の
　　　　水深100～800mの岩礁帯
体長：50cm前後

アカギ、マメキンメなどとも呼ばれる。

キチジ（キンキ）
分類：カサゴ目フサカサゴ科
生息地：本州中部以北、樺太、千島列島南部の
　　　　大陸棚
体長：35cm前後

キンキ、キンキンなどとも呼ばれる。

01　キンメ＝キンメダイ、キンキ＝キチジ

　キンメとキンキを思い出してください。違いがおわかりですか？
　そもそもキンメは、キンメダイ目キンメダイ科の深海魚。標準和名は「キンメダイ」といい、太平洋、大西洋、インド洋、地中海の広い範囲の水深100～800mの岩礁帯で暮らしています。
　そして、キンキは、カサゴ目フサカサゴ科の深海魚。標準和名は「キチジ」といい、本州中部以北、樺太、千島列島南部の大陸棚で暮らしています。
　このように、名前（愛称）が似ているうえ、どちらも色が赤く高級魚とされていることから、見分けがつかない人も多いかもしれませんが、種類としてはまったくの別物です。

02　目玉が飛び出しているとキチジ

　外観から見分ける方法があります。それは、魚屋さんで見たときに「目玉が飛び出しているかどうか」です。目玉が飛び出していればキチジで、

飛び出していなければキンメダイとなります。

　キンメダイは深海魚で、かなり深い海から漁獲されているにもかかわらず、魚屋さんで目玉が飛び出した魚を見かけることはありません。キチジも比較的深い海で獲れる魚であり、ときどき目玉が飛び出しているのを見ることがあります。

　さて、そもそもなぜ目玉が飛び出るのでしょうか？

　それは、深いところから漁獲すると、水圧が急に下がることにより浮袋の中の空気が膨らんで、目玉や胃袋などを押し出してしまうからです。キンメダイの場合は、深くから水揚げしても、浮袋が消化管とつながっているので、膨らんだ空気が消化管を通って体外に出ます。そのため目玉や内臓が飛び出ないのです。

　一方、キチジなどの一般的な魚類は、浮袋と消化管がつながっていないので、膨らんで飛び出てしまいます。

03　さらに目の話。キンメダイは目が光る！

　「金目」の名前の通り、キンメダイの目に光を当てると光ることがあります。これは、ネコの目が光る原理と同じ。キンメダイは目の中の網膜という光を感じる器官の裏側に、「タペタム」という反射板のような層があり、ここが光を反射するため、目が光るように見えるのです。このタペタムはわずかな光でも増幅する効果があるため、光が差さない深海でもキンメダイは視力がきき、えさをとらえることができるのです。

　キチジなどはタペタムがないので、目が光ることはありません。キンメダイのように目が光る魚にはほかに「アカメ」がいて、その名の通り目が赤く光ります。

04 詳細に比べてみよう

　キンメダイは赤い魚として知られていますが、生きて泳いでいるときは腹側が銀白色をしています。水族館の展示で確認してみるといいでしょう。

　体の大きさを比べると、キンメダイは50cm前後、キチジは35cm前後と、キンメダイのほうが大型です。体の形は、海底に着底して生活するキチジは腹側がカサゴの仲間らしくやや平らで、キンメダイは楕円形に近い形をしています。

　また、キチジは背ビレに黒い斑がありますが、キンメダイにはありません。

05 キンメダイもキチジも高級魚

　キンメダイもキチジも、高級魚として高値で取り引きされます。魚屋さんやお寿司屋さんでも人気があります。

　キチジなどが属するフサカサゴ科の魚は見た目がややブサイクで、一見するとおいしそうに見えないものが多いのですが、味はすばらしく、とくに冬の鍋のシーズンには欠かせません。キチジをはじめオニカサゴやクロソイ、メバル、カサゴなど高級魚揃いで、魚ツウの間で人気の種類がたくさんいます。

　一方、キンメダイ科の魚は少なく、キンメダイとナンヨウキンメぐらいです。味はナンヨウキンメよりもキンメダイのほうがおいしく、お刺身や煮つけ、焼き物など、どのような調理方法で食べても美味。味噌漬けや粕漬けにした切り身は贈答品として重宝されています。また、小型のものは干物にもなります。

キンメダイとキチジ　　95

この動物も似ている……アカムツ（ノドグロ）

　キンメダイやキチジとよく似た赤い高級魚にノドグロがいます。とくに、キンメダイと見た目が似ていますが「尾ビレ」で見分けられます。キンメダイの尾ビレにはＶ字に切れ込みが入っていますが、ノドグロの尾ビレは三角形に近い形です。

　ノドグロの標準和名は「アカムツ」。キンメやキチジとはまったく別の種類です。アカムツはスズキ目ホタルジャコ科の深海魚で、新潟県以西の日本海と福島県以南の太平洋、東部インド洋や西太平洋の水深100〜300mぐらいに生息する魚です。

　ここでおさらいすると、キンメ（キンメダイ）はキンメダイ目キンメダイ科の深海魚、キチジ（キンキ）はカサゴ目フサカサゴ科の深海魚。赤い深海魚で、味がいいという共通点がありますが、じつは目からすべて異なる、まったく別の魚なのです。

　アカムツは寿司ネタとしても珍重されていますが、お刺身や焼き物、煮つけなど、どんな食べ方でもおいしく食べられます。釣りの対象魚としても人気で、東京湾の深海釣りではこの魚を専門に狙う船宿もあります。ところが、同じぐらいの水深だと、クロムツ（標準和名「ムツ」）、オキメバル（標準和名「ウスメバル」「トゴットメバル」）、スミヤキ（標準和名「クロシビカマス」）など、狙った以外の魚が釣れてしまうため、アカムツが釣れる確率はとても低く、釣り人の憧れでもあるのです。

ちょっと一息　動物川柳 ⑤

旅行(ゆ)けば
握りで食べたい
キンメダイ

高級魚の代名詞ともいえるキンメダイ。静岡県の伊東などの産地では、リーズナブルな回転寿司で食べられることも。

T.Dallas / Shutterstock.com

ウナギは受け口、アナゴは逆 ♪

口の形は？

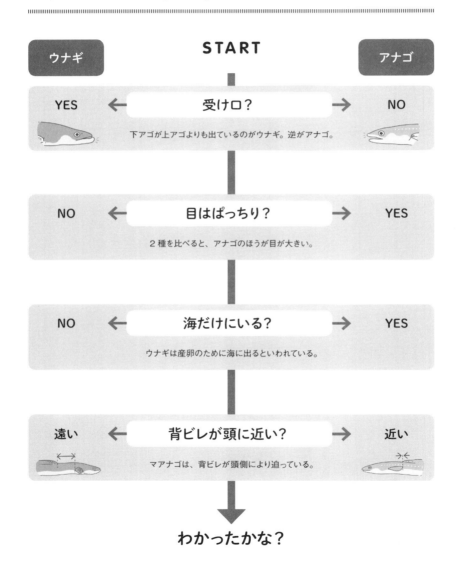

START

ウナギ / アナゴ

受け口？
YES → ウナギ / NO → アナゴ
下アゴが上アゴよりも出ているのがウナギ。逆がアナゴ。

目はぱっちり？
NO → ウナギ / YES → アナゴ
2種を比べると、アナゴのほうが目が大きい。

海だけにいる？
NO → ウナギ / YES → アナゴ
ウナギは産卵のために海に出るといわれている。

背ビレが頭に近い？
遠い → ウナギ / 近い → アナゴ
マアナゴは、背ビレが頭側により迫っている。

わかったかな？

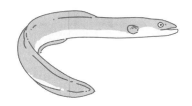
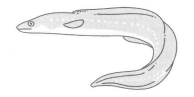

ウナギ（ニホンウナギ）
分類：ウナギ目ウナギ科
生息地：日本、朝鮮半島、中国、台湾
体長：約100cm

日本に昔からいるのはニホンウナギとオオウナギの2種。

アナゴ（マアナゴ）
分類：ウナギ目アナゴ科
生息地：東シナ海
体長：オス40cm前後、メス90cm前後

マアナゴは日本の内湾に多く生息し、アナゴ科の中でもっともおいしいといわれている。

01　受け口ならウナギ

　ウナギとアナゴはどちらもウナギ目の魚となります。

　ウナギは「ウナギ目ウナギ科」、アナゴは標準和名「マアナゴ」で、「ウナギ目アナゴ科」です。この2種はよく似ていますが、外見から簡単に区別できます。

　まず、上アゴと下アゴのつき方を見比べてみましょう。ウナギは下アゴが上アゴよりも出ていて、受け口のようになっています。マアナゴはその逆で、上アゴが下アゴよりも出ています。

02　目の大きさと、ヒレのつき方が違う！

　ウナギは目が小さく、マアナゴは比較的大きな目です。

　また、横から見たときに、胸ビレと背ビレの間の距離にも大小の違いがあるので、これを比べることで見分けられます。ウナギは横から見たとき

に、胸ビレの後端から背ビレの起点までの距離がかなり開いていますが、マアナゴは胸ビレの後端と背ビレの起点がほぼ同じ場所になります。そのため、ウナギとマアナゴでは、マアナゴのほうが背ビレが頭側により迫っています。

03　海だけで生きるアナゴ

　ウナギ科の魚は世界に15種しかいません。日本には主に、ニホンウナギとオオウナギの2種が生息しています。

　ウナギの生態に関してはいまだ謎が多く、川で5〜10年間生活して60〜80cmに成長すると、産卵のため川を下り海に出てフィリピン東部の深海で産卵、孵化した仔魚は変態しながらまた日本へ戻ってくるなどといわれています。真相はまだわかりません。これに対して、アナゴ科の魚は基本的に海に生息しています。

04　ウナギとアナゴのおいしい話

　ウナギ目の魚にはおいしいものが多く、ご存じの通りウナギもマアナゴも美味な高級魚です。しかしウナギ目の魚のいくつかは血清毒をもっており、ウナギとマアナゴにもあります。とはいえ、この血清毒は熱に弱く、火を通すと無毒化するため、ウナギやマアナゴは加熱すればおいしく食べられるのです。ただし、生で食べるとお腹を壊します。お寿司屋さんで生のウナギやマアナゴが出てこないのはこういう理由があるからです。最近は高級寿司店などで、ウナギやマアナゴを生で食べさせるところがありますが、先ほど説明したように、ウナギやマアナゴがもっている毒は「血清毒」なので、血を洗い流すなどの適切な処理をしていれば、少量なら食べられます。

　ウナギは背開きと腹開きの2通りのさばき方があり、さらに蒲焼きの

作り方も、先に蒸してから焼く方法と、直接焼く方法の2通りがあります。これらは東西でやり方が異なります。地方でやり方が異なるというのは、それだけ古くから日本人の生活に密接に関わってきた証拠といえるでしょう。

　マアナゴも蒲焼きなどで人気ですが、サイズの大きいクロアナゴで代用されることも多くなりました。

　ウナギは近年、乱獲が災いして数が減り、価格が高騰しました。これまでは深海での不可解な産卵行動がネックで、完全養殖はできませんでしたが、商業的な完全養殖ができるようになれば価格も安定してくるでしょう。

05　ウナギもアナゴも夜行性

　マアナゴは釣りの対象魚としても人気です。夜行性で、とくに夏場によく釣れるので、「マアナゴの夜釣り」は釣り人たちの間で夏の風物詩になっています。ウナギも以前は釣りで獲られていました。ウナギも夜行性の生態を利用した釣りをします。夕方、河口や下流域の流れが穏やかなところに仕掛けを置き、朝回収に行くとウナギが釣れている、という手はずです。ちなみに、漁業権のない人が勝手に釣ると密漁になるのでご注意を。

ウナギとアナゴ　　101

この動物も似ている……ドジョウ

　ウナギ、アナゴとよく似た細長い魚といえばドジョウです。ドジョウは、「コイ目ドジョウ科」の魚です。しかし、そんな専門的な知識なしに一発で見分ける方法があります。

　ウナギには腹ビレがなく、背ビレから尻ビレまでがつながっています。これに比べて、ドジョウは背ビレ、尾ビレ、腹ビレ、尻ビレが独立しています。つまり、背ビレや尾ビレがあったらドジョウの仲間、全部つながっていたらウナギの仲間となります。

　ウナギ目の魚には、アナゴ科のマアナゴやチンアナゴ、ハモ科のハモなどがいます。サイズや体色などの違いはあっても、すべて背ビレから尻ビレまでがつながっているかどうかで見分けられます。

　さらに、ドジョウの仲間は基本的には淡水にしか生息しません。ウナギの仲間は深海で産卵するので、成熟するとフィリピン東部の深海へ向かいます。

　淡水に生息するウナギ目の20cm以下の魚は日本にはいないので、もしも20cm以下のドジョウかウナギかわからない魚を淡水でつかまえたら、それはウナギ目の魚ではないので、ドジョウの仲間かナマズの仲間の可能性が高いことになります。汽水域でつかまえたら、ヒレがつながっているか否かを確認すれば、ウナギ目かドジョウの仲間かを区別できます。

ちょっと一息 **動物川柳 ⑥**

> いつまでも
> あると思うな
> 親とウナギ

食べるとおいしいウナギですが、乱獲などの影響でシラスウナギが激減。絶滅の恐れがあるレッドリストに加えられました。

Kazoka / Shutterstock.com

ウナギとアナゴ　103

ヒゲは**コイ**、ないのは**フナ**♪
口元に注目！

START

コイ		フナ
ある ←	ヒゲはある？ →	ない

コイのヒゲは、えさを探したり、味を感じたりできる多機能な感覚器官。

| 細かい ← | ウロコの大きさは？ → | 大きい |

コイのウロコは大きくかたい。

| ない ← | ヒレにトゲがある？ → | ある |

フナを釣ると、ときどきヒレのトゲが手に刺さって痛い思いをすることがある。

| 口が目の下 ← | 目と口の位置は？ → | 同じか、口が目より上 |

コイは水底、フナは水中中層のえさを探すため、このような目と口の位置となる。

| 低い ← | 体の高さは？ → | 高い |

フナは体高があり体の幅が薄め。コイは円筒形。

わかったかな？

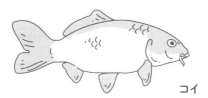

コイ
科目：コイ目コイ科
生息地：ヨーロッパからアジア
体長：約60cm

丈夫で繁殖も容易なため、品種改良が盛んで、さまざまな品種が存在する。

フナ（ギンブナ）
科目：コイ目コイ科
生息地：日本全土（主に東日本）
体長：10～30cm

単純に「フナ」といえばギンブナ（マブナ）を指すことが多い。ギンブナはほとんどがメスという変わった特徴がある。

01　大きさだけでは見分けられない!?

　フナとコイはどちらもコイ目コイ科に属する魚。「大きいのがコイで、小さいのがフナ」と、サイズで見分けられる！　と考えそうですが、これはちょっと安易です。たしかに、コイは比較的大きくなるものが多く、フナ類は小型のものが多い傾向がありますが、コイ科の魚は比較的寿命が長く、ゆるやかに成長し続けるという特徴があります。そのため、フナの中でも長い時間をかけて巨大化する個体もいるようで、実際に50cmを超えるギンブナの目撃例があります。

　つまり、一概に「大きければコイ」とする見分け方は、常に正しいとはいえないのです。

02　ヒゲの有無は？

　もっともわかりやすく、簡単な見分け方は「ヒゲ」です。コイには特徴的なヒゲが生えており、フナ類は基本的にはヒゲがありません。コイ科の魚でヒゲがある代表的な種には、コイ（マゴイ）やニゴイ、カマツカ、ヤ

リタナゴなどがあります。

　ちなみにこのヒゲには高性能センサーの役割があり、コイがえさをとるのに欠かせません。コイは下向きに出っ張った口を水底の泥に突っ込んでえさを探しますが、このときにヒゲが大活躍。周囲の状況を探ったり、えさのありかを察知したりするのに役立つのです。また、味を感じる「味蕾」という器官もあり、ヒゲで味を感じることができるといわれています。

03　目や口の位置は？

　次にわかりやすい特徴としては、目と口の位置関係があります。コイは水底のえさをとるために口が下についており、口よりも上に目が位置します。一方、フナの仲間は水中中層のえさをとる種が多く、口は比較的上のほうについています。目の位置が口と同じくらいの高さにあるものも多いようです。フナとコイの違いを頭で考えてもなかなか思いつきませんが、実際に見比べる機会があれば、その差は歴然で、すぐにわかるほどです。

04　ウロコの大きさと、ヒレのトゲを見てみよう

　３つめの違いは、ウロコの大きさです。コイはウロコが比較的細かく、フナ類はウロコが大きめという違いがあります。

　ところで、ウロコがほとんどないコイがいます。ドイツゴイです。これは、コイを食べるとき、細かくてかたいウロコを取るのが大変なため、改良品種として作りだされました。最近は、さまざまな海の魚が食べられるようになったので、ドイツゴイが食卓に上る機会は減りました。ドイツゴイは現在、食用よりも観賞用とされることが多くなっています。

　ちょっと学術的な見分け方を教えましょう。フナ類には、ヒレに「棘条」というトゲをもつものがいくつも見られますが、コイにはほとんど棘条がありません。

106

05 フナとコイ、食べる話あれこれ

　フナもコイも、川や沼、用水路や湖などに生息しており、昔からわたしたちの生活に密接に関わってきました。どちらも古くから食用とされることが多く、日本各地にコイやフナを使った郷土料理が多く見られます。

　まず、フナ料理の代表は、滋賀県の琵琶湖名産「ふなずし」。これは、琵琶湖に固有のニゴロブナを米と一緒に発酵させたもので、強烈なにおいがありますがうまみもたっぷり。コイ料理としては、日本でもっとも海が遠い長野県などに、「鯉こく」などの郷土料理があります。

　「コイやフナのような魚は泥臭い」とよくいわれますが、きれいな水の中でえさを与えずに2週間ほど生かして胃の中のものをすっかり吐き出させる「泥抜き処理」をすれば、臭みが消えておいしく食べられます。特に、脂をたっぷりたくわえた冬場のコイは非常に美味で、タイのお刺身よりもコイのお刺身のほうがおいしい、という人もいるぐらいです。

この動物も似ている……キンギョやニシキゴイ

　美しい観賞魚であるキンギョやニシキゴイもコイ目の魚です。キンギョの歴史は古く、今から1000年以上も前にさかのぼります。そのはじまりは、日本の隣国・中国でヒブナをもとに改良されたものといわれています。ちなみに、ヒブナとはキンブナやギンブナの突然変異種ですが、「ヒブナ」という名前の標準和名の魚は図鑑には載っていません。

　ニシキゴイもコイの突然変異種がはじまりといわれています。江戸時代に今の新潟県の山村で、食用に飼育されていたコイから突然変異で生まれ、それを観賞用に改良していったのがニシキゴイという説があります。今でも新潟県の小千谷市や長岡市ではニシキゴイの養殖が盛んで、最近では日本のニシキゴイは国際的に人気になっており、買いつけにくる外国人も少なくありません。

　コイ目の魚は淡水魚類の中でも丈夫で、飼育も繁殖も比較的簡単です。さらに、交雑がよく起こるのでコイ目は品種改良しやすく、現在のように多種多用な観賞用のコイ目の魚ができたとされています。

コイとフナ　107

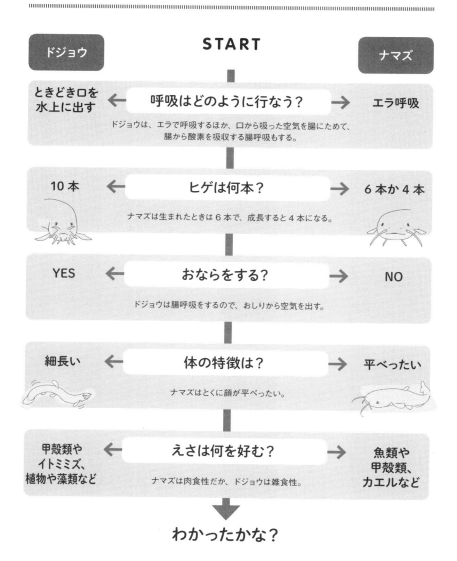

ドジョウ
科目：コイ目ドジョウ科
生息地：日本、中国、台湾、朝鮮半島などの東アジアの淡水。
体長：約20cm

河川や水路に生息し、底のほうの泥っぽい場所を好む。

ナマズ
科目：ナマズ目ナマズ科
生息地：世界中に生息するが、日本では北海道南部〜九州が主。
体長：60cm前後

ウロコはないが、ヌメヌメとした粘膜が全身を覆っている。持ち上げるとヌルっとしてすべりやすい。

01　ヒゲがあっても違う種類

　ドジョウはコイ目ドジョウ科の魚、ナマズはナマズ目ナマズ科の魚です。ヒゲがある姿から、ナマズもドジョウも似たような仲間だろうと思われがちですが、ドジョウはナマズよりも、どちらかというとタナゴなどのコイ科の魚により近い種となります。

02　ドジョウとナマズの"ヒゲ"の話

　ドジョウとナマズの共通点といわれて、すぐに思いつくのは、淡水魚であることと、ヒゲがあること。
　まず、ドジョウのヒゲは、上アゴの左右に計6本、下アゴの左右に計4本で、全部で10本あります。このヒゲには味蕾（みらい）という、味を感じることのできる器官があるため、ドジョウはヒゲで味を感じられると考えられています。
　さてナマズですが、ナマズのヒゲは生まれたときは上アゴの左右に計2本、下アゴの左右に計4本の、合計6本。これが、成長にともなって下

ドジョウとナマズ　109

アゴの1対（2本）のヒゲはなくなってしまいます。そして、ヒゲの機能ですが、ナマズのヒゲにも、ドジョウと同じように味を感じる「味蕾」という器官があるため、ヒゲで味を感じることができます。ちなみに、ナマズはヒゲだけでなく皮ふにも味蕾があります。さらに、センサーのような機能があり、周囲の状況を探ったり、えさのありかを察知したりすることができるのです。

03　ドジョウはエラ呼吸だけじゃない！

　ドジョウを水槽で飼っていると、ときどき水面に出てきて空気を吸い込む姿を見かけます。ドジョウは魚なので、エラ呼吸だけで生きていると思われがちですが、実は、口から吸い込んだ空気を腸にためて、腸から酸素を吸収する腸呼吸もしているのです。空気中から直接空気を吸うことはできませんが、腸呼吸ができることにより、ドジョウは水中の酸素量が少ない場所でも生きていくことができます。おしりからときどき、プクっと空気を出しますが、あれは「呼気」（息を吐くこと）を行なっているのです。

04　ナマズは顔がネコっぽい

　ナマズは世界中に約2400種あまりいて、日本には14種が生息しています。南米のアマゾン川には超巨大なナマズがいますし、生態も住んでいる環境に合わせてさまざまです。ただ、ナマズの顔は総じて、愛嬌のある平べったい顔をしており、ネコに似ているとよくいわれます。英語でナマズの仲間を「キャットフィッシュ（ネコ魚）」と呼ぶのも納得です。

　また、ナマズの多様性はドジョウと対照的です。ドジョウの仲間は基本的に淡水に住んでいますが、ナマズの仲間は科によっては主に海に生息するものもいます。暖かい地方で釣りをしていると、図らずもよく釣れるゴンズイという魚がいます。口ヒゲがあり、ドジョウやナマズの仲間に見え

ます。ゴンズイはナマズ目ゴンズイ科の魚で、なんと背ビレと胸ビレに毒
のあるトゲがあるので、刺さると腫れあがりひどく痛みます。これが釣れ
たら、素手でつかまないように気をつけてくださいね！

　ナマズの仲間には観賞魚として家庭や水族館で飼育されているものも多
く、水槽の掃除屋として人気のコリドラスもナマズの仲間で、ナマズ目カッ
リクテュス科です。水槽に張りつく姿がユーモラスなプレコなどもナマズ
目です。

05　ナマズは貴重なたんぱく源

　世界中に生息するナマズの仲間は、場所によっては貴重なたんぱく源と
して重宝されています。ナマズを養殖して食用とする国もたくさんありま
す。日本でも近年、数が減り続けているウナギの代用食材として、大手スー
パーがナマズの蒲焼きを丑の日に販売するほどです。日本の一部では以前
から食べられていたようですが、ナマズの蒲焼きをウナギの蒲焼きのよう
においしく食べるには苦労があったようです。えさを工夫したり飼う環境
を変えたりして、川魚特有の泥臭さを減らす努力をしているそうです。

　食用という視点からいうと、ドジョウも日本では昔からよく食べられて
います。江戸時代からドジョウの柳川鍋といえば、精力がつく食べ物とし
て知られています。また、ほかにもから揚げや味噌汁の具として食べられ
ています。

ドジョウとナマズ　111

この動物も似ている……ウナギ

　ウナギは分類上は、ウナギ目ウナギ科の魚、ドジョウはコイ目ドジョウ科の魚です。しかし、そんな専門的な話は置いておいて、一発で見分ける方法があります。

　まずウナギには腹ビレがなく、背ビレから尻ビレまでがつながっています。一方、ドジョウは背ビレ、尾ビレ、腹ビレ、尻ビレが独立してくっついています。つまり、背ビレや尾ビレがあったらドジョウの仲間、全部つながっていたらウナギの仲間となります。

　ところで、ウナギ目の魚には、アナゴ科のマアナゴやチンアナゴ、ハモ科のハモなどがいます。サイズの違いもさまざまで、見た目はドジョウとよく似ていますが、すべ背ビレから尻ビレまでがつながっているので、ウナギ目の仲間だと一発でわかるのです！

ちょっと一息　動物川柳 ⑦

食べてやろう
揺れくる前に
蒲焼きだ

大ナマズが暴れると地震がくるという言い伝えがありますが、真相は謎。それよりも、土用の丑の日にウナギの代用魚としての知名度上昇中。

Oleksandr Lytvynenko / Shutterstock.com

ドジョウとナマズ　113

第**3**章

虫

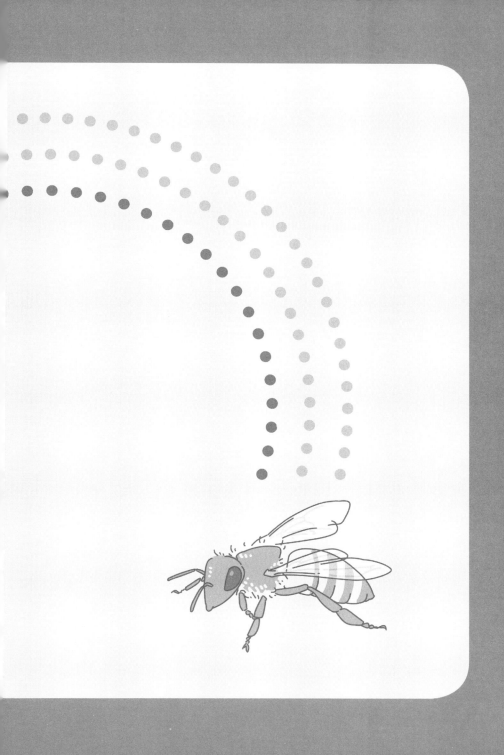

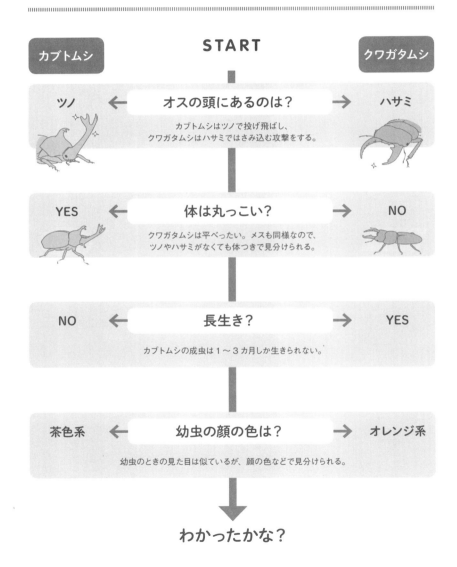

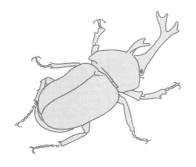
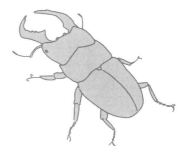

カブトムシ
分類：コウチュウ目コガネムシ科
生息地：日本の本州〜沖縄

日本の昆虫の中で最大級の大きさ、人気を誇る。

クワガタムシ（ヒラタクワガタ）
分類：コウチュウ目クワガタムシ科
生息地：東アジア、東南アジア

日本でメジャーなクワガタムシの一種。体色は光沢のない黒だが、小型のオスだけツヤがある。

01　ツノやハサミ、全体の形を比べてみよう

　ツノやハサミがあって、とくに男の子が大好きなカブトムシとクワガタムシ。どちらも見た目のかっこよさがありながら、家庭でも飼いやすいところも人気の秘密です。ちなみにご存じの通り、ツノやハサミがあるのはオスのほうです。
　ところで、この2つには大きな違いがあるのをご存じでしょうか。最初に、最大の特徴であるツノやハサミを比べてみましょう。
　まず、カブトムシから。ツノは長いものと短いものの2本で、短いほうは頭の中心からまっすぐに生え、その下に長いツノが生えています。どちらも先端が二股に分かれていますが、長いほうは二股の両端がさらに二股に分かれています。
　クワガタムシは、頭から左右対象にツノのようなものが生え、ハサミ状になっています（正確にはアゴ）。このハサミの内側にはギザギザの突起がついています。

カブトムシとクワガタムシ　117

次に、全体のプロポーションを比べてみましょう。種類によって多少異なりますが、カブトムシはクワガタムシに比べると少し丸みを帯びており、クワガタムシは縦長の傾向があります。また、クワガタムシの体は全体的にやや平べったい形です。

02　寿命や生育場所、生育方法にも大きな差

　クワガタムシとカブトムシでは、寿命にも大きな差があります。

　カブトムシはその雄々しい外見から、いかにも長生きしそうに思えます。しかし、成虫の寿命は、わずか1～3カ月と非常に短いのです。夏休みにとったカブトムシが、冬を越せずに死んでしまうという経験をしたことがある人は少なくないでしょう。

　対してクワガタムシの成虫は3～4年ほどの寿命をもつといわれており、非常に長生きです。「ペット」として長くつき合っていけるかどうか、という点でも、クワガタムシとカブトムシは大きく異なっています。

　かつて、クワガタムシ（とくにオオクワガタ）はダイヤモンドにたとえられるほどの高価な昆虫でした。1960年にはすでにクワガタムシのブームがあったといわれていますが、当時はいまほど繁殖技術が発達していないこともあり、大きなクワガタムシはとても希少なものとして高値で取り引きされていました。現在は研究が進み、クワガタムシが育ちやすい環境もわかっています。オオクワガタは枯れたクヌギの中でよく育ちますが、「地面のなかにある木」「木の根元のあたり」「シイタケを育てるための木」など、クワガタムシの種類ごとに好む環境は違います。ただ、いずれも、新しく生命力あふれる木ではなく、枯れて腐った朽木を好む性質があります。

　カブトムシも同様に、朽木を好みます。ただ、自然環境下では落ち葉だまりなどにいるので、採集はクワガタムシより簡単です。

　カブトムシもクワガタムシも樹液を好んで食べます。カブトムシはクヌギなどの樹液を、クワガタムシはミズナラの樹液を好み、積極的に摂取し

ます。幼虫のころは朽木や腐葉土などがえさとなります。そして、カブト
ムシは幼虫のころにしっかりと栄養を摂取しないと、成虫になっても体が
あまり大きくならないことがあります。

03　カブトムシとクワガタムシ、戦い方の違い

　どちらもケンカに強く、闘争精神が旺盛であることはよく知られていま
す。ただし、カブトムシとクワガタムシでは、武器が「ツノ」と「ハサミ」
と違うため、戦い方が違います。

　まず、カブトムシとクワガタムシはオス同士が戦います。クワガタムシ
のメスにも小さなハサミがありますが、産卵のために木に穴を開けるのに
使います。

　カブトムシのオスの戦い方は主に、ツノを使って突き合ったり、相手を
「すくい投げ」のように投げ飛ばしたりするスタイルです。クワガタムシ
のオスは、ハサミ同士をチャンバラのようにガチャガチャ突き合わせたり、
相手の体をはさみ込んで投げ飛ばしたりします。

　カブトムシ、クワガタムシともにえさ場での場所取りのために戦います
が、最初から戦おうとはせず、まずは威嚇をして追い払おうとし、それで
も決着しなければ実力行使となります。えさ場にはメスもやってくるので、
えさ場で優位なオスとなり、メスと交尾して自分の子孫を残すのが、オス
同士の戦いの最終的な目的なのです。

カブトムシとクワガタムシ　**119**

【コラム】オスとメスの見分け方は？

　カブトムシやクワガタムシは、ツノやハサミのあるオスが注目されがちですが、もちろんメスもいます。この見分け方を教えましょう。まずはカブトムシのオス・メスから。こちらは見分けるのがとても簡単です。メスにはツノがないので、すぐに区別がつきます。

　クワガタムシの場合は、オスにもメスにもハサミがあります。ただし、メスのほうが明らかにハサミが小さいので、同じ種類のオスとメスを同時に見比べればすぐにわかるはずです。

　ところで、幼虫のときのオスとメスの見分け方もあります。ちょっと難しいのですが、機会があったら試してみてください。まず、カブトムシの幼虫は、お尻のほうの腹側にアルファベットの「V」のようなマークがあるとオスで、ないとメスです。ただし、外国産のカブトムシはオスにもメスにもVマークがありません。また、オスとメスではオスの幼虫のほうが体が大きいです。ただし、孵化してからの日数が違うと比べられません（早く孵化したメスと、遅く孵化したオスの場合など）。

　クワガタムシの場合は、メスにはお尻のあたりに黄色い筋のようなものが透けて見えます。黄色いスジがあればメス、なければオスということになりますが、個体差や生育度合いなどによって見え方はさまざまなので、慣れないと難しいかもしれません。

　また、カブトムシとクワガタムシの幼虫同士を比べると、カブトムシの幼虫は顔が茶色系で、クワガタムシの幼虫の顔は薄いオレンジ色系と、色が違います。

オス　　　　　　　　メス

ちょっと一息 動物川柳⑧

黒ダイヤ 土俵の上でも 横綱級

90年代後半は空前のオオクワガタブームで、ペアでウン百万円なんて値がついたことも。見た目の美しさだけでなく、強いのも子どもに人気の理由でしょう。

Yosuke Saito / Shutterstock.com

カブトムシとクワガタムシ

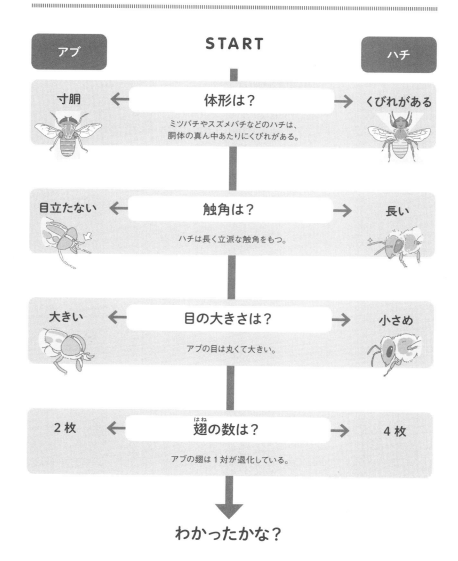

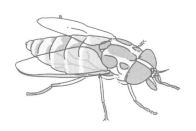 

アブ（アカウシアブ）
分類：ハエ目アブ科
生息地：日本全土

日本最大のアブで、スズメバチに似た体色。アブ類は世界に約 4,000 種。

ハチ（セイヨウミツバチ）
分類：ハチ目ミツバチ科
生息地：世界中で飼育

東南アジア原産で、現在は世界中で飼育されている。

01　胴体のくびれでアブとハチを見分ける

　どちらも動物を刺すことで有名な、ハチとアブ。でもこの２つには、実はさまざまな違いがあります。

　まず、全体的な見た目の違い。ミツバチやスズメバチなどのハチ（細腰亜目）は、かなりメリハリのある体つきをしています。胸部と腹部の境がきゅっと細くなっています。翅（はね）がないところを想像すると、よく見るおなじみの昆虫であるアリそっくりなので、意識して観察してみてください。体つきがアリのようであればハチです。

　対してアブの場合、ハチのようなメリハリがありません。全体的にずんぐりした体形をしており、凹凸が少ないのが特徴です。

　飛んでいるときにくびれの有無を判断してアブかハエか見分けるのはやや難しいのですが、図鑑などで見てみるのもおもしろいですよ。

アブとハチ

02 触角の長さや翅の枚数、体色の違い

　さらに細かな部分を見ていきましょう。

　まず、触角を比べると、アブは触角が短く目立たない種類が多いのですが、ハチは長めという違いがあります。

　次に翅を比べると、アブは左右1枚ずつで計2枚ですが、ハチは左右2枚ずつで計4枚となっています。正確にいうと、アブは後ろ側の1対の翅が退化しているのです。

　最後に体色です。ハチは、「自分は危険な生き物である」と警告するために黄色と黒のシマ模様になっています。一方、アブの多くの仲間は基本的に地味な色1色です。アカウシアブという種類は、強力な毒をもつスズメバチによく似た体色ですが、血を吸うだけで毒はありません。

03 針で刺すハチ、歯でかみつくアブ

　アブもハチもときに攻撃的で、人間にも向かってきます。ですが、ハチとアブでは、攻撃方法に大きな違いがあります。危険なのはハチのほうで、アブに攻撃されてもハチほどの危険性はありません。

　まず、アブは相手の皮ふをかみちぎって血を出して吸いますが、吸血には2〜8分ほどかかるといわれています。早めに気づいてたたき殺すなどすれば、被害は少なくすみます。その代わり、アブが吸う血液の量は、種類や個体によって違いがありますが、なんと自分の体と同じか、もしくはその倍ぐらいと大量に吸います。

　ハチは、お尻にある針を素早く突き刺してきます。ハチに刺されることで「アナフィラキシーショック」(アレルギーの一種。アレルゲンに接することで起こり、急激な体調変化につながる)を起こして命を落とす人もいます。この針はもともとは産卵のための管だったものが変化したものです。つまり、花の蜜をせっせと集める働きバチはすべてメスということになります。

124

また、ミツバチは相手を刺すと自分も死にます。これは、ミツバチのもっ
ている針の特性によります。ミツバチの針には抜けないようにするための
トゲがあります。そのため一度針が刺さると抜けないため、これを無理に
抜こうともがくと、針につながった内臓ごと抜けてしまい絶命するのです。

04　攻撃の目的も違う

　ハチは、あくまで「外敵から巣や食べ物を守る」という目的で刺してき
ますが、アブの場合は「えさとして血を吸うこと」を目的にやってきます。
そのため、アブのほうがはるかに積極的です。アブは人間が逃げても、時
速145kmほどの猛スピードで追いかけてきますが、ハチはこちら側から
近づいたりしない限り襲ってこないといわれています。とはいえ、むやみ
にハチに近づかないように。ハチの巣も同様で、駆除も専門の業者に任せ
ましょう。アブのなかには人間をねらわず、家畜にしか寄ってこないもの
もいますが、見極めるのは難しいので、いずれにせよ近づかないようにし
ましょう。

　ハチ、アブともにもしも刺された場合は要注意。ハチの場合は、刺され
たところをつまむように押して毒を抜きましょう。その後は傷口を冷やし
ます。一般的な刺し傷の場合はアンモニアなどが有効ですが、先に述べた
ようにアナフィラキシーショックの危険性があります。一刻も早く病院に
駆け込むことが何よりも重要です。

05　交尾、子育てを比べてみよう

　アブは、羽化をしてから3日ほど経つと交尾ができるようになります。
そして生涯で2回、もしくは3回程度卵を産みます。

　ハチの交尾、巣作りは非常に特徴的なことで知られています。ハチのな
かには、特別な存在である「女王バチ」がいます。一つのハチの巣には無

数の穴がありますが、そのなかの「王台」と呼ばれる場所で女王バチ候補は育ちます。ここにいる幼虫にだけ、特別なえさであるローヤルゼリーが与えられるのです。王台は複数ありますが、そこで育った女王バチ候補が争い、その勝利者が次代の女王バチとなります。新しい卵を産むのは、この女王バチだけです。それ以外のハチは「働きバチ」として、一生を巣とえさ取り場の往復、そして子育てや巣作りで過ごします。

　そしてハチのオスは、ある意味ではもっと悲劇的です。彼らは女王バチと一緒に生まれますが、交尾をすると命を落としてしまいます。そのため、ハチの社会は完全な女系社会であり、オスは全体の1割程度しかいないなどといわれています。

この動物も似ている……ブユ

　アブやハチと並んで嫌われる「ブユ」。関東では「ブヨ」、関西では「ブト」という地方名がありますが、ブユが標準和名です。アブが体長3cm程度なのに対して、ブユは1～5mm程度と、大きさがまったく違います。とても小さな虫ですが、刺されたときの痛みはかなりのものです。

ちょっと一息 　動物川柳 ⑨

> 日々残業
> 出世しなけりゃ
> 働きバチ

ハチはすべて働きバチで、ローヤルゼリーを食べたものだけが女王バチになるという話。

irin-K / Shutterstock.com

短い**バッタ**、長い**コオロギ**♪

触角の長さは？

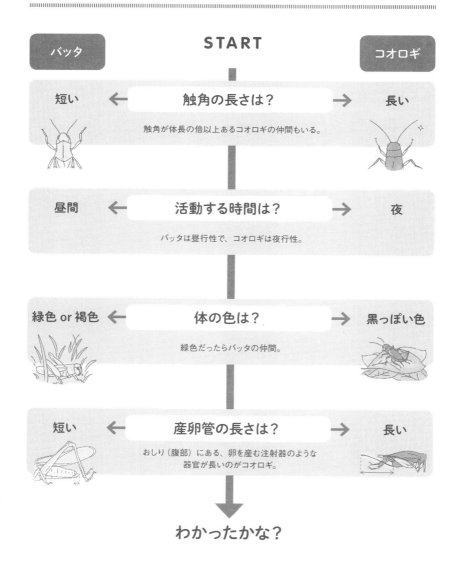

バッタ（トノサマバッタ）
科目：バッタ目バッタ科
生息地：アジアやアフリカなど

メスのほうがオスより大きい。

コオロギ（エンマコオロギ）
科目：バッタ目コオロギ科
生息地：本州〜九州、中国、朝鮮半島など

オスは前翅をこすり、音を出す。

01　触角の長さにはわけがある！

　バッタもコオロギも、同じバッタ目の昆虫です。発達した後脚を使って大きくジャンプするなど、似ているところがたくさんありますが、見分ける方法はいくつかあります。
　バッタの触角は体長と比べて短く、コオロギのものは長いのが特徴です。バッタは昼間に活動する昆虫で、大きな複眼をもちます。これは、明るい日中に活動するので、えさや交尾相手を探すのを視覚に頼っているためです。一方、コオロギは夜行性で、体に対して複眼は小さめです。長い触角は、視覚に頼れない夜間でも周りの状況を知るために必要不可欠なのです。

02　色の違いは住み家を表す！

　バッタとコオロギでは、体の色も違います。
　バッタの体は、緑色もしくは褐色です。それに対して、コオロギは黒っぽい色をしています。
　草むらなどに住んでいるバッタは、周りに溶け込むような緑色の体をも

ちます（保護色）。枯葉などが多いところに住むものは褐色の体をもっています。じつはバッタは、脱皮時に周りの環境に合わせて、体色を変える能力をもっているのです。

　コオロギは地表で生活し、日中は落ち葉の下などに身を隠しています。バッタと同じように、黒っぽい色の体は保護色として機能しているのです。ちなみに、コオロギの体は平べったい形をしていて、落ち葉などの下に潜り込むときに役立ちます。

03　おしりに注目！

　コオロギのメスの腹部には、産卵管と呼ばれる、針のように長い器官があります。産卵管は、卵を地中や植物に産みつける際に使われます。産卵管で地中などに産みつけることで、天敵や乾燥から卵を守ります。

　それに比べて、バッタの産卵管は短く、目立ちません。地中に卵を産むときは、腹部を差し込むようにします。バッタの卵は、カマキリのそれと同じように、泡で包まれ、乾燥などから守られています。

04　鳴き声を聞き分ける♪

　秋に鳴く虫として有名なコオロギ。メスを誘い出すためにオスはきれいな音色を奏でます。どうやって鳴いているかというと、前翅（前方にある1対の翅）をこすり合わせて音を出しているのです。日本でよく見られるエンマコオロギは「コロコロリー」と鳴きます。

　バッタは鳴くイメージがないという方もいるかもしれませんが、飛ぶ際に後脚で翅をたたくことで音を出すといわれています。コオロギと同じように、メスを誘うためにオスが鳴きます。ショウリョウバッタというバッタは「チキチキ」と鳴くことから、一部の地域ではチキチキバッタとも呼ばれています。

この動物も似ている……キリギリス

　キリギリスもバッタ目の昆虫です。真夏に聞こえてくる「ジー、チョン」
という鳴き声が特徴的ですが、見た目からバッタやコオロギと判別する方
法を紹介します。

　まずは触角の長さを見てみましょう。体に比べて触角が短かったらバッ
タ、長かったらコオロギかキリギリスです。

　次に体の形や色を見てみます。先述したように、体がヨコに平べったい
ものはコオロギです。それに対して、キリギリスは体がタテに平べったい
のが特徴です。また、コオロギは体の色が黒っぽいのですが、キリギリス
は草むらに住んでいるので、体色は緑色か褐色です。

丸くなるのがダンゴムシ、ならないのはワラジムシ♪

さわったらどうなる？

START

ダンゴムシ		ワラジムシ
丸くなる ←	さわったときの反応は？ →	丸くならない

ダンゴムシが丸くなるのは外敵から身を守るため。

| かたい ← | 背中のかたさは？ → | やわらかい |

ダンゴムシは体がかたい甲羅のような殻で覆われている。

| 遅い ← | 逃げ足は？ → | 速い |

かたい殻が重いため、ダンゴムシは柔軟性・スピードがない。

| 乾いたところ ← | 住んでいるところは？ → | じめっとしたところ |

海から陸へとより進化したダンゴムシのほうが乾燥に強い。

| つるんとしている ← | おしりはどんな感じ？ → | しっぽ状のものがある |

ワラジムシのおしりにはしっぽのようなものが2本ある。

わかったかな？

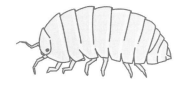
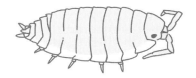

ダンゴムシ（オカダンゴムシ）
科目：ワラジムシ目オカダンゴムシ科
科生息地：日本全土

昆虫のようだが、エビやカニなどの甲殻類に近く、専門的にいえば、節足動物門軟甲綱等脚目に属する。

ワラジムシ
科目：ワラジムシ目ワラジムシ科
生息地：世界各地

ダンゴムシとは分類学的に見ても近縁であり、どちらも昆虫ではない。

01　さわれば一発で見分けられる

　子どもはみんな大好きなダンゴムシ。さわるとボールのように丸くなるのがおもしろいのでしょう。

　ダンゴムシとよく似た生き物にワラジムシがいますが、こちらはさわっても丸くなることはありません。ダンゴムシが丸くなるのは、おなかなどの急所を守るため。外側のかたい殻が守ってくれるので、強靭なアゴをもつアリでも歯が立ちません。一方のワラジムシは丸くなるどころか、その場から素早く走り去ろうとします。

　ダンゴムシが丸くなれるのは、体の一つひとつの体節（体の節目）のためです。体節は長く、全部で13枚ぐらいに分かれた構造となっており、普段は各層が深く重なり合って縮こまっています。敵に出会ったりすると、重なり部分が引き出され、体表が伸びて丸くなることができるというわけです。これに比べてワラジムシは体節が短く、重なりが浅いため、体を曲げられません。

　じっくりさわる機会があったら比べてほしいのですが、ダンゴムシは体の殻がかたく、ワラジムシはやわらかめという違いもあります。

02　さわらずに見分ける方法もある

　「気持ち悪くて、子どものころのようにはさわれない」というなら、さ

ダンゴムシとワラジムシ

わることなく外見や動きから見分ける方法もあります。

　まず全体の見た目。ダンゴムシもワラジムシもよく似ていますが、よく見ると体の厚みが違います。ダンゴムシは体に厚みがあって、横から見るとアーチ状。また、上から見ると横の幅が均等になっています。これに対してワラジムシは、その名の通りのワラジ状。体の中央部分が幅広い楕円形をしています。体には厚みがなく、横から見るとぺったんこです。

　次に、体色もちょっと違います。人家の周りでよく見られるオカダンゴムシは全体的に黒くツヤツヤとした光沢感がありますが、ワラジムシは薄めの灰色で、光沢がないツヤ消しボディーとなっています。

03　食べ物の好みもちょっと違う

　ワラジムシは枯れ葉やコケしか食べない草食性ですが、ダンゴムシは枯れ葉を主食としながらも、アブラムシなどの小さな虫を生きたまま食べることもある雑食性です。ダンゴムシを飼う機会があったら、野菜や果物、キノコ類、煮干しなど、人間の食べ物を与えて何を好むかを観察するのもおもしろいかもしれません。また、金魚のえさなども好んで食べます。

04　左→右→左→右と曲がる

　ダンゴムシもワラジムシも、ぞろぞろとたくさん生えた脚を動かして進みます。どちらも脚は全部で 14 本。

　そして、進み方には独特の法則があります。というのは、最初に右に曲がったら次は左……と、2 度続けて同じ方向には曲がらないという興味深い習性をもっているのです。これを、「交替性転向反応」と呼びます。

　実はアリやゴキブリも同様なので、ゴキブリを見つけたときはこの習性を思い出して、効果的に追い詰めてから駆除する方法を考えてみるといいかもしれません。

134

05 仲間同士で集まるフェロモン!?

　ダンゴムシやワラジムシは、集合フェロモンを分泌するといわれています。集合フェロモンとは、同じ種類の生き物を呼び集める効果をもつ物質のこと。ダンゴムシなどは、胃の中で集合フェロモンを作り、フンと一緒に排出し、ほかの個体を誘います。

　ダンゴムシの仲間の進化の過程を考えてみましょう。海に住んでいた甲殻類のなかから陸上に進出したのが、ダンゴムシやワラジムシです。陸の上で生活をはじめたとはいえ、水分の確保は欠かせません。そのため集合フェロモンを出して同じ種類の仲間で集まって生活することで、水分の蒸発を防いでいるのではないかという説があります。

この動物も似ている……フナムシ

　ダンゴムシは「ムシ」といっても昆虫ではなく、エビやカニの仲間で甲殻類の一種です。もともと海に住んでいた甲殻類の一部が陸上生活に適応し、いまのような形状に進化したのが等脚類（ダンゴムシなどの仲間）です。

　等脚類の進化の過程を見ると、最初に陸に適応し、海岸付近で生きていけるようになったのがフナムシです。そう、砂浜や海辺などでよく見かける、ちょっとゴキブリに似たあの生き物です。フナムシは、エビ・カニなどと、ダンゴムシ・ワラジムシなどの中間あたりに位置づけされる等脚類です。フナムシよりさらに内陸へ適応したのがワラジムシ、そしてダンゴムシであると考えられています。つまり、ダンゴムシがもっとも陸上生活に適した生き物といえます。

　またフナムシ、ワラジムシ、ダンゴムシのなかでは、外骨格のつくりや生理的な機能の違いから、ダンゴムシがもっとも内陸に対する適応力が強いとされています。この三者は動くスピードも異なり、もっとも外骨格がやわらかいフナムシがもっとも素早く、もっともかたいダンゴムシがもっとものろい、ということになります。

ダンゴムシとワラジムシ　　135

くねる**ムカデ**、滑る**ゲジ**♪

動き方は？

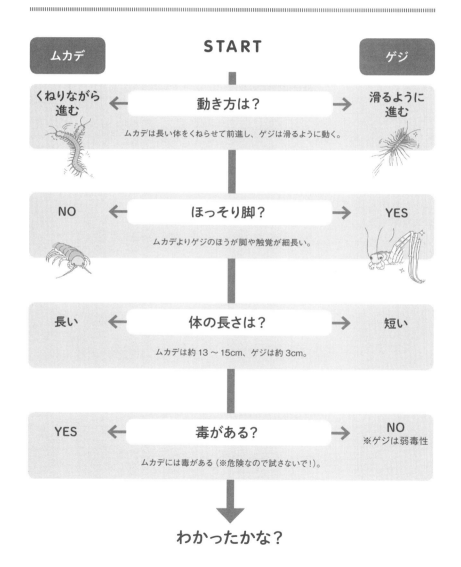

START

ムカデ / ゲジ

動き方は？
← くねりながら進む / 滑るように進む →
ムカデは長い体をくねらせて前進し、ゲジは滑るように動く。

ほっそり脚？
← NO / YES →
ムカデよりゲジのほうが脚や触覚が細長い。

体の長さは？
← 長い / 短い →
ムカデは約13～15cm、ゲジは約3cm。

毒がある？
← YES / NO ※ゲジは弱毒性 →
ムカデには毒がある（※危険なので試さないで!）。

↓
わかったかな？

136

ムカデ（トビズムカデ）
分類：オオムカデ目オオムカデ科
生息地：日本の本州〜南西諸島
体長：約 13 〜 15cm

体の1節めにアゴ（顎肢）があり、かまれると痛い。毒もある。

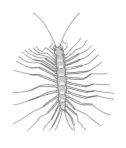

ゲジ
分類：ゲジ目ゲジ科
生息地：日本
体長：約 3cm

脚が細長く、滑るように前進する。脚は 15 対で全 30 本。弱毒性。

01　ムカデとゲジの分類の話

　見た目がちょっとグロテスクなムカデとゲジゲジの見分け方についてです。ちなみに、ゲジゲジは俗称で、標準和名は「ゲジ」。ムカデ、ゲジともに「節足動物門多足亜門ムカデ綱」に属する生物です。

　節足動物は動物界最大の分類群で、甲殻類や昆虫類、クモ類などが含まれます。動物界の約4分の3、つまり130万種以上を占めるといわれています。どの種類も名前の通り、体が複数の節からできており、基本的には外骨格という殻に覆われているという特徴があります。

　ムカデやゲジは有害、不快な生き物として知られていますが、節足動物の中にはほかにも、人に害をなす有害な種類はたくさんいます。日本には八重山など一部を除いてサソリ目の仲間がいないので、即死につながるものはごく少数ですが、ゴキブリ目、シラミ目、カメムシ目、ノミ目、ハエ目、ダニ目などなど、たくさんの有害な節足動物が存在します。

02 脚の形と動かし方が違う

　ムカデは脚がたくさんある「胴部」と、アゴがある「頭部」から構成されます。ゲジは外見上、ムカデよりも脚や触覚が長く、体は比較的短いので、これを知っておけば見分けるのは簡単です。また、動き方も違っており、ゲジは滑るように動き、ムカデは長い体をくねらせて動くという違いがあります。

　ムカデの仲間は比較的大きくなるものも多く、20cm ほどに成長する種類もいます。

03 オオムカデは子煩悩

　オオムカデ科のムカデの体には、感覚器官として働くデリケートな毛が生えており、それらを鋭敏に保つために、いつもきれいにしています。これを「化粧習性」と呼びます。ゲジ類にも化粧習性があります。

　また、オオムカデは子煩悩としても知られます。母親は子供が巣立つまで育児に専念し、約 40 ～ 50 日間まったくえさをとりません。そのため痩せてしわだらけになっていくほどです。

04 どちらも肉食！

　ムカデとゲジはともに肉食で、ゴキブリなどの害虫を食べることから益虫ともいえますが、ことムカデに関してはそうではありません。ムカデの仲間には攻撃的な種類もいて、ときに人にかみついてくることもあります。さらに、ムカデの仲間には毒をもつものもいて、かまれると腫れることがあります。そもそも脚がたくさんついていてグロテスクな見た目のため、ムカデもゲジも嫌われがちです。

　とはいえゲジは、ムカデと比べて人をかむことも少なく、攻撃性はあま

りありません。ゴキブリ退治の名人でもあるので、益虫と呼ばれてもよさ
そうなものですが、やはり独特の見た目から不快な気持ちにさせる不快害
虫と思われています。

05　目のあるゲジ、目のないムカデ

　もうひとつ、ムカデとゲジの大きな違いは「視力」です。一般的にムカ
デは単眼であったり、目そのものがなかったりするため視力が弱い、もし
くはほとんど見えない種が多いのに対し、ゲジは目がよく見えます。ゲジ
は昆虫の複眼のような目をもっているからです。そのため、ジャンプして
チョウやガなどをとらえたり、待ち伏せしてとらえたりなど、器用な狩り
をします。

この動物も似ている……ヤスデ

　ムカデやゲジと見分けが難しい生き物に「ヤスデ」がいます。ヤスデは、多足亜門ヤスデ綱に含まれる生物です。ということは、同じく多足亜門ムカデ綱に含まれるムカデやゲジとは親戚関係になります。

　ヤスデ綱の生物は、多くの種について詳しいことがまだわかっておらず、かなり謎の多い生物です。その中でも「ヤスデ類」の大きな特徴は、一部のグループを除き「外敵に襲われると腹側を内側にして体を丸めて守る」習性です。これで、ヤスデ類を特定することができます。なぜ丸くなるのかといえば、傷つきやすい触角や脚を内側に入れて保護するため、転がりやすい形になって素早く敵の視界から消えるため、などの理由もあるようです。ちなみにムカデは身を守るために、毒のあるアゴで相手を攻撃します。

　ムカデとゲジとヤスデを比べたとき、「脚が長ければ」ゲジ、「短ければ」ムカデかヤスデです。ムカデとヤスデでは、「1つの体節に脚がどうついているか」で見分けられます。1対であればムカデ、2対であればヤスデとなります。また、ムカデは小動物をとらえて食べるため動きが素早いのですが、腐葉土などを食べるヤスデはゆっくり動きます。

　ところでヤスデ類は大量発生することでも知られています。日本の関東から中部地方にかけて生息するキシャヤスデ類は、特定の地域で8年おきに多数の個体が発生します。過去に小海線（山梨県と長野県を走る、JRの鉄道路線）沿線で総数200億個体という推計値が出たことがあります。キシャヤスデ類の推定寿命は8年なので、8年おきに大発生世代の子孫が大発生するから8年サイクルなのではないかなどといわれますが、真相は解明されていません。ちなみに、キシャヤスデとは「大発生した個体が線路を這い、それを踏んだ列車（汽車）がスリップする」ということからつけられた名前です。

参考資料＆知識を深めるのにおすすめの図書

書名 50 音順

【陸の生き物】

『イタチとテン』今泉忠明、自由国民社、1986年

『インコの謎』細川博昭、誠文堂新光社、2015年

『絵で見て"ちがいがわかる"本』村越正則、PHP研究所、2009年

『カラーアトラスエキゾチックアニマル 鳥類編』霍野晋吉、緑書房、2014年

『くらべてわかる哺乳類』小宮輝之、山と渓谷社、2016年

『ザ・インコ＆オウム』磯崎哲也、誠文堂新光社、2000年

『知られざる動物の世界1食虫動物・コウモリのなかま』前田喜四雄(監訳)、朝倉書店、2011年

『知られざる動物の世界4サンショウウオ・イモリ・アシナシイモリのなかま』松井正文(監訳)、朝倉書店、2011年

『進化で読み解くふしぎな生き物』遊磨正秀・丑丸敦史(監)、技術評論社、2007年

『世界の奇妙な生き物図鑑』サー・ピルキントン＝スマイズ(著)、岩井木綿子(訳)、エクスナレッジ、2014年

『ぜったいに飼ってはいけないアライグマ』さとうまきこ、理論社、1999年

『動物大百科6有袋類ほか』マクドナルド D．W．(編)、平凡社、1986年

『動物大百科12両生類・爬虫類』ハリデイ，T．R．・アドラー，K．(編)、平凡社、1986年

『日本にすみつくアライグマ』三浦慎悟(監)、金の星社、2012年

『はじめてのデグーの育て方』茂木宏一(監)、ナツメ社、2016年

『はじめてのハリネズミとの暮らし方』田向健一(監)、日東書院本社、2015年

『ハムスターの救急箱100問100答』大野瑞絵、誠文堂新光社、2011年

『ハリネズミ』大野瑞絵、誠文堂新光社、2015年

『羊の博物誌』百瀬正香、日本ヴォーグ社、2000年

『ムササビ』川道武男、築地書館、2015年

『モルモット完全飼育』大崎典子(著)、角田 満(監)、誠文堂新光社、2015年

『ヤギと暮らす』今井明夫(監)、地球丸、2011年

『両生類・爬虫類のふしぎ』星野一三雄、サイエンスアイ新書、2008年

【海と水辺の生き物】

『イルカの不思議』村山 司、誠文堂新光社、2015年

『イルカ生態ビジュアル百科』水口博也(編著)、誠文堂新光社、2015年

『クジラ・イルカのなぞ99』水口博也、偕成社、2012年

『クジラは昔陸を歩いていた－史上最大の動物』大隅清治、PHP文庫、1997年

『サメのひみつ10』仲谷一宏、ブックマン社、2016年

『ジュゴン』池田和子、平凡社新書、2012年

『小学館の図鑑NEO 魚』井田 斉（監）、小学館、2003年

『水棲ガメ』海老沼 剛、誠文堂新光社、2011年

『ヒラメ・カレイのおもてとうら』山下 洋、恒星社厚生閣、2013年

『ヒラメは、なぜ立って泳がないか』佐藤魚水、新人物往来社、1995年

『マナティ、海に暮らす』ホワイト ジェシー・レイ（著）、科学図書マナティ取材班（編・訳）、講談社、1993年

『もっと! ほんとのおおきさ水族館』小宮輝之（監）、学研マーケティング、2012年

【虫】

『害虫の科学的退治法』宮本拓海、サイエンスアイ新書、2009年

『昆虫好きの生態観察図鑑 1』鈴木欣司・鈴木悦子、緑書房、2012年

『昆虫好きの生態観察図鑑 2』鈴木欣司・鈴木悦子、緑書房、2012年

『だから昆虫は面白い』丸山宗利、東京書籍、2016年

『多足類読本』田辺 力、東海大学出版部、2001年

『ダンゴムシ』布村 昇（監）、集英社、2004年

『ダンゴムシの本』奥山風太郎・みのじ、DU BOOKS、2013年

『なぜダンゴムシはまるまるの?』佐々木 洋（監）、講談社、2011年

『フィールドガイド日本のクワガタムシ・カブトムシ観察図鑑』吉田賢治、誠文堂新光社、2015年

『日本の昆虫1400（1）』槐 真史、文一総合出版、2013年

【生き物全般】

『アニマル・ウォッチング』安間繁樹、晶文社、1985年

『くらべてわかる哺乳類』小宮輝之、山と渓谷社、2016年

『週刊朝日百科 動物たちの地球 哺乳類I・II』朝日新聞社

『図解観察シリーズ1 〜 10』旺文社

『世界鳥名事典』吉井 正（監）、三省堂、2013年

『世界鳥類大図鑑』バードライフ・インターナショナル（監）、ネコ・パブリッシング、2009年

『世界動物大図鑑』デーヴィド・バーニ（編）、ネコ・パブリッシング、2004年

『鳥類学』ギル フランク・B．、新樹社、2009年

『鳥類学辞典』山岸 哲・森岡弘之・樋口広芳（監）、昭和堂、2004年

『動物の世界』三浦慎悟（監）、新星出版社、2011年

『日本動物大百科1 〜 4、8』日高敏隆（監）平凡社

『ほ乳類は野生動物のスーパースター1 〜 3』安藤元一（監）、少年写真新聞社、2012年

おわりに

　長いこと、レシピ本やガイドブックの編集・執筆を手掛けてきましたが、根っこは動物マニアです。

　それで、「よく似た動物の見分け方の本を作りたい！」と思いついて、さまざまな出版社に提案していたのですがなかなか通らず、あきらめかけたときにご縁ができ、実現したのがこの本です。

　気楽に読める雑学本のつもりで取材をスタートし、「目に見える形の違い」を追いかけている間に、「目に見えない世界」に足を踏み入れていました。生き物の形の裏には「進化」「遺伝子」など、ダイナミックな命の営みがあることを知ってしまったのです！

　奥深い世界に幻惑され、制作に長い時間がかかってしまいました。編集担当の永瀬さん、すみませんでした。感謝しています。魚博士の加藤秀幸さんにもお世話になりました。そして、お話をつないでくれた高橋しげちゃん、ありがとう！

木村　悦子

　小学生の僕は、毎日夜の8時30分になると布団に潜り込み、懐中電灯をあてながら図鑑を眺めていました。父からもらった『動物の図鑑』（小学館）です。

　「アフリカ―岩地・さばくの動物―」「極地―北極・南極の動物―」それぞれのページには、そこに生息するたくさんの動物たちが描かれ

ています。音もなく、暗がりに照らされた動物たちは今にも動きだし
そうでした。

　とくに「東南アジア─森林・水辺の動物─」が大好きで、この絵の
中のオランウータンがとっても怖く思え、でも大好きでした。

　布団の中でこの図鑑を見ながらいつの間にか眠っていました。おか
げで夢の中で毎晩オランウータンに追いかけられ、たくさんの蛇の中
に落ち、バーバリーシープの角につつかれ、世界中を駆け巡る冒険の
連続でした。

　本物を見ることのできない僕にとって、あちこちが破れ、何度もセ
ロハンテープで直した図鑑は宝物でした。

　動物たちは住む場所・食べ物によってさまざまな形に進化をとげま
した。

　似たものを食べる動物たちは似た顔になります。狩りをして生肉を
食べる動物は顎が発達し、屍肉を食べる鳥は汚れないように頭がはげ
る。寒地に住む動物は毛が密にたくさん生えます。早く泳ぐ魚たちは
流線形の似たような形になります。

　この本は、似ているという形態に特化しました。企画にあたり似た
もの動物をいっぱい考えましたが、今回は比較的メジャーな生き物に
してみました。この本に載せきれない、おもしろ似たもの動物がまだ
まだたくさんいます。次回はマニアチックな生き物も紹介してみたい
と思います。

　僕のこの本も、動物園のおともに、また、お布団の中で読んでもら
えたら何よりです。そしてセロハンテープで張ってもらったらもっと
うれしく思います。

北澤　功

監修者・執筆者略歴

北澤 功（きたざわ いさお）

酪農学園大学獣医学科卒業。長野市内の動物園勤務を経て、都内に動物病院を開業。原案や監修を担当した書籍に『爆笑！どうぶつのお医者さん事件簿』（アスコム）『獣医さんだけが知っている 動物園のヒミツ 人気者のホンネ』（日東書院）などがある。

木村 悦子（きむら えつこ）

上智大学法学部卒業後、出版社勤務を経て、フリーの編集者・ライターに。著書に『入りにくいけど素敵な店』（交通新聞社）。

似ている動物「見分け方」事典

2017 年 9 月 25 日　　　初版発行

監修	北澤 功
執筆	木村 悦子
イラスト	ヤギの人
DTP	WAVE 清水 康広
校正	曽根 信寿
カバー・本文デザイン	のどか制作室 松村 大輔
発行者	内田 真介
発行・発売	ベレ出版 〒162-0832　東京都新宿区岩戸町12 レベッカビル TEL.03-5225-4790 FAX.03-5225-4795 ホームページ　http://www.beret.co.jp/
印刷	三松堂株式会社
製本	根本製本株式会社

落丁本・乱丁本は小社編集部あてにお送りください。送料小社負担にてお取り替えします。
本書の無断複写は著作権法上での例外を除き禁じられています。
購入者以外の第三者による本書のいかなる電子複製も一切認められておりません。

©Isao Kitazawa, Etsuko Kimura 2017. Printed in Japan
ISBN 978-4-86064-500-7 C0045　　　　　　　　編集担当　永瀬 敏章

ベレ出版の動物・昆虫の本

観察する目が変わる 動物学入門

浅場明莉／菊水健史 著
A5 並製／本体価格 1600 円（税別）　■ 184 頁
ISBN978-4-86064-403-1 C0045

「なぜこんなことをするのだろう？」。動物の行動を不思議に思ったことはありませんか？ 植物と違い動き回れる動物は、私たちからすれば考えられない、さまざまな行動を見せます。寝る前に不思議な行動をするイヌ、狭いところを通り抜けられるネコ、いつも口をモゴモゴしているウシ、動物園の檻の中で寝てばかりいるライオン、糞を食べるウサギ……。動物を観察する際のポイントをとおして、動物学の基礎を学ぶことができる一冊！

観察する目が変わる 昆虫学入門

野村昌史 著
A5 並製／本体価格 1700 円（税別）　■ 224 頁
ISBN978-4-86064-358-4 C2045

昆虫、好きですか？　チョウやトンボ、カブトムシ……。子どもの頃、昆虫とふれあった人も多いと思います。では、昆虫についてどれだけ知っていますか？　本書は、昆虫に関する基本的なことを解説し、観察のポイントやヒントも紹介します。日本にはたくさんの昆虫がいます。まわりに自然がない都市部でも昆虫を観察することはできます。観察に必要なのは「虫の目」をもつこと。本書を読んだら、きっと外に出て昆虫を観察したくなりますよ。

観察する目が変わる 水辺の生物学入門

西川潮／伊藤浩二 著
A5 並製／本体価格 1800 円（税別）　■ 216 頁
ISBN978-4-86064-480-2 C0045

私たちの身のまわりにあるさまざまな水辺。河川や湖はもちろん、人が管理する水田にも、あまたの種類の生物が暮らしています。これらの生きものたちは、生息する水辺の環境に適応して、たくましく生きているのです。本書では、水辺に生きる動物や植物を観察するために役立つ知識を紹介。ただ何となく見てきた水辺の環境にも、いろいろな特徴があり、それらに対応するように生きている生物たちの複雑なドラマがあると、思わずにはいられないでしょう。

系統樹をさかのぼって見えてくる進化の歴史

長谷川政美 著
B5変形／本体価格2600円（税別） ■ 192頁
ISBN978-4-86064-410-9 C0045

この十数年で急速に明らかになってきている、生命がたどってきた進化の歴史。地球上にいるあらゆる生物は、ひとつの共通祖先から進化して、300万種以上に分かれたと考えられています。ヒトにいちばん近いチンパンジーはもちろん、カエル、クラゲ、キノコ、そして高い山に人知れず咲くシャクナゲも、ヒトとの共通祖先から分かれてそれぞれ進化してきたのです。本書は、系統樹を用いてヒトの祖先を15億年さかのぼり、進化や種分化の歴史、生物の多様性などを"体験"する科学ビジュアル読み物です。

虫のすみか ― 生きざまは巣にあらわれる

小松貴 著
四六並製／本体価格1900円（税別） ■ 352頁
ISBN978-4-86064-477-2 C0045

虫のことを知りたければ、その巣を知るのが一番！生き物にとって家の確保は死活問題です。天敵や自然災害から身を守るため、生き物たちは身の回りのあらゆるものを使って家をつくります。一見、その日暮らしをしているような虫たちだって例外ではありません。我々の身近には、さまざまな巣を構えて生活する虫たちがたくさんいます。そのなかには、ハチやアリに負けず劣らぬ、おもしろい巣をつくるものも少なくありません。巣をとおして虫の生きざまがわかる一冊！

となりの野生動物

高槻成紀 著
四六並製／本体価格1700円（税別） ■ 256頁
ISBN978-4-86064-453-6 C0045

東京23区にも生息するタヌキ、すみかを追われたウサギやカヤネズミ、人が持ち込んだアライグマ、人里に出没したり、田畑に被害を与えたりするクマやサル、シカ。野生動物は、私たち人間にとって身近な「隣人」です。私たちはその隣人のことをどこまで知っているでしょうか。野生動物の生態から人間との関係性まで、「動物目線」で野生動物を見続けてきた著者が伝える。野生動物について考えるキッカケになる一冊。